목 차

JN423974

● 미용사 (메이크업) 실기시험과제 구성

● 제1과제

● 제2과제

제3과제

※100쪽 컬러 원색

9. 캐릭터 메이크업 (레오파드)	※ 특징 (호피무늬) ※

용어 정리

- 가법혼색 (additive mixture of color) : 2종류 이상의 색을 혼합해서 그 결과가 밝게 되는 빛의 혼합색을 말한다. 일반적으로 가법혼색의 원색으로는 적색, 녹색, 청자색의 3색이다. 컬러텔레비전은 이 원리를 이용한 것이다.
- 감법혼색 (subtactive mixture of color) : 2가지 이상의 색을 혼합해서 그 결과가 어둡게 되는 혼색을 말한다. 기본색은 청록, 적자, 황색의 3색이다. 혼합된 색의 명도가 본래의 색보다도 낮게 된다.
- 그라데이션 칼라 (graduation color) : 헤어 칼라 테크닉의 하나로써 의도적으로 색과 면도의 단차를 만들어 평면적이지 않고 입체감을 추구하는 방법이다.
- 뉴트러 컬러 : 중간색상, 그레이든지 베이지를 말함.
- 뉴트럴 톤 (neutral tone) : 뉴트럴은 중간의 회색의 무지의 등의 뜻으로, 뉴트럴 톤은 일반적으로 무채색을 말한다.
- 도미너 컬러 : 블랙과 화이트의 배색.
- 러스트 (rust) : 적갈색
- 레벨 (level) : 헤어 칼라의 밝기를 나타내는 척도
- 머스타드 (mustard) : 겨자색. 갈색이 도는 황색.
- 먼색 입체 (the munsell color solid) : 색의 삼층성으로 색상, 채도, 명도를 표시되는 색차가 가능한 보일 수 있도록 구성된 것이다.
- 메로우 컬러 : 부드럽고 달고, 익었다는 의미, 채도가 낮은 소프트한 색조.
- 메트릭 톤 : 금속의 색상과 같이 차가운 느낌의 광택이 있는 색상.
- 멜린지 컬러 (melange color) : 멜란지 (melange) 란 프랑스어인 멜랑쥬 (melange)에서 유래된 단어로서 혼합된, 섞인 등의 뜻을 갖고 있다.
- 명도 : 색의 3요소 중 하나 (색상, 명도, 채도) (value/lighthess) : 밝기를 나타내는 수가로 평가한다. 모발에서의 명도는 채도와의 관련에서 평가를 혼돈하기 쉬우므로 주의한다.
- 명색조 (tint) : 순색에 흰색을 첨가하여 만든 밝은 색조.
- 모노톤 (mono tone) : 여러 가지 색을 섞지 않고 한 가지 색으로 나열하는 것, 본래는 단조로운 색조로 정돈된 스타일을 말하지만 블랙이나 화이트 등 무채색을 기초로 한 스타일. (색이 없는 컬러)
- 모스 그린컬러 (moss green) : 이끼의 황록색.

- 무채색 (achromatic color/nautral) : 색상과 채도가 없는 색, 흰색에서 검은색까지 명도만으로 구성되어 있는 색
- 밀키 컬러 : 톤오프. 화이트계의 부드러운 이미지의 색.
- 버건디 컬러 : 포도주의 적색, 포도보다 깊은 청색을 띤 암적색.
- 베이지 컬러 : 엷고도 밝은 갈색. 낙타색.
- 브라이트 컬러 : 밝은 색을 말함.
- 비비드 컬러 : 선명한 컬러.
- 삼원색 (three primary colors) : 적자 (magenta), 청록 (cyan), 황 (yellow)
- 샌드컬러 Sand color : 주의 경향이 부각되면서 출연한 색명의 하나.
- 섬머 다크 컬러 : 흑색계의 어두운 색.
- 쇼킹 핑크 컬러 : 형광성이 있는 선명한 핑크색.
- 스노우 화이트 컬러 : 눈같이 흰. 설백의 순박한 화이트 색.
- 스모크톤 컬러 : 회색인 색조
- 스파클 컬러 : 빛이 나는 선명한 색상.
- 아이보리 : 상아색
- 애크로매틱 컬러 : 백색이나 흑색 등과 같이 색채를 갖지 않는 무채색을 말함.
- 애플그린 컬러 : 푸른색 사과의 녹색으로 강한 색조의 약간 노랑 느낌의 녹색.
- 액센트 컬러 : 단조로운 이미지를 탈피하기 위해서 쓰이는 소량의 백. 바탕의 색상과 반대되는 색상을 쓰면 효과적이다. 포인트 컬러와 같은 의미.
- 어드밴싱컬러 : 다른 색상보다 솟아 보이며 가까워 보이는 색. 빨강. 노랑. 황록색 등 진출색계의 명도가 높은 색.
- 오프 화이트 (off white) : 순수한 흰색이 아니고. 약간의 회색을 띠든지, 다른 여러 색을 띤 백색.
- 웜 컬러 : 난색을 말함. 노란색. 귤색. 빨강색.
- 유채색 (chromatic color) : 무채색이 색상, 채도가 없는 흰색 →검은색에 대해 적색, 황색, 청색 등의 색상, 채도가 있는 색을 말한다.
- 인파크트 컬러 : 순색을 말함.
- 일렉트릭 컬러 : 선명한 색상.
- 주얼리톤 컬러 : 보석과 같은 색채.
- 채도 (saturation) : 색의 선명함의 강·약의 정도를 채도라고 한다. 가장 채도가 높은 색을 순색이라고 한다. 색의 3속성 : 채도·명도·색상
- 챠콜 (charcoal) : 숯, 목탄, 암회색, 짙은 회색.

- 카키컬러 : 어두운 황색, 초록색이 짙은 황색을 말함.
- 코랄 (coral) : 산호색. 분홍이나 주황색.
- 코발트 블루컬러 : 암청색
- 콘트렉트 하모니 컬러 (배색) : 부조화의 조화 배색, 황색 적색계는 어둡게, 황록계는 밝게 배색하는 경우.
- 크로매틱 컬러 : 유채색을 말함. (흰색, 회색, 검정색을 제외한 모든 색)
- 터쿠아즈 컬러 : 터어키옥의 밝은 청록색을 말함.
- 톤 온 톤 (tone on tone) : 동일색상으로 톤이 다른 배색상태. (동일 계통의 배색)
- 톤 (tone) : 본래의 의미는 색조이다. 미용에서는 모발의 (명도구채도)를 말한다.
- 트리콜로드 컬러 : 프랑스 국기의 적. 백. 곤의 배색을 말함.
- 파스텔 칼라 (pastel color) : 부드러운 색을 말한다. 파스텔 핑크, 파스텔 옐로우, 파스텔 오렌지등이 표현 방법으로 사용된다.
- 파우더 핑크컬러 : 연분홍과 같은 연한 핑크.
- 퍼스날 칼라 (personal color) : 사람이 본래 개개인이 가지고 있는 모발, 눈, 피부의 색등을 본래 그 사람에게 조화되는 색이 있다고 하는 생각을 말한다.
- 프러시안 블루 (prussian blue) : 어두운 색조의 보라색을 띤 청색.
- 피치 (peach) : 살구색. 잘익은 복숭아의 약간 노르스름한 빛을 띤 분홍색.

헤어 칼라 용어

- 계면 활성제 (Sur face active, agent/surface) : 용도로써 세정제, 기포제, 용제, 침투 촉진제 등에 이용되고 있다. 크림타입 헤어 칼라제에도 배합되어 있다.
- 과산화 수소 (hydrogen peroxide) : 화학식은 H_2O_2로 무색으로 유상의 액체이다. 분해되기 쉬우며 분해하면 산소와 물로 나뉜다. 산화력이 강하고, 살균제, 표백제로도 사용된다. 헤어 칼라 2제와 퍼머용제의 2제로써 산화제로 사용되고 있다.
- 코퍼 (copper) : 동색으로 10원 동전의 동색이라면 알기 쉽다. 밝은 브라운, 오렌지계로써 한국인에 어울리는 색으로 이용되고 있다.
- 칼라 샴푸 : 사용되는 염료의 종류는 반 영구적 염모제에 속하나 효과로써는 일시 염모제에 가깝다. 샴푸에 산성 염료 등을 첨가한 것으로 염모력이 약하기 때문에 검은 모발에는 거의 효과가 없다.
- 칼라 스프레이 (color spray) : 일시 염모제로 모발에 색소를 착색하는 타입이다.
- 칼라 린스 (color rinse) : 반영구적 염료에 속하는 일시적인 염료에 더 가깝다. 모발의 표층부에 착색하고 되풀이 해서 사용하면 백모를 염색할 수도 있다.
- 간유물질 (matrix substance) : 매트릭스라고도 불리우며, 구체적으로는 큐티클 세포사이나 콜텍스 세포사이에 존재하는 물질로써 주로 수용성 단백질과 지방 등의 물질로 구성되어 있다. 매트릭스 단백질은 시스틴 결합을 많이 포함한 단백질로써 구성되어, 알카리 헤어 칼라제, 퍼머제가 작용하는 부분이다. 간유물질은 모발의 손상, 헤어 칼라제의 침투와 작용을 하는 것에 중요한 부위이다.
- 큐티클 (cuticle) : 모발은 크게 나누어서 큐티클 (모소피), 콜텍스 (모피질), 멜듀라 (모수질)로 나뉜다. 큐티클은 모발 표면을 감싸고 있는 제일 바깥쪽에 있는 것으로써 아주 단단하고, 약제에 대해서도 강한 조직으로 내부의 콜텍스 (모피질)을 보호하고 있다.
- 금속 염모제 (metallic hair dye) : 금속염을 사용해 염색하는 염모제로 영구염모제의 비산화 염모제이다. 금속 염모제로 염색된 모발은 퍼머 웨이브가 걸리기 힘들다. 이것은 철등 금속 이온과 퍼머제의 주성분인 치오 글리콜산 등이 반응하기 때문이다.
- 그라데이션 칼라 (graduation color) : 헤어 칼라 테크닉의 하나로써 의도적으로 색과 면도의 단차를 만들어 평면적이지 않고 입체감을 추구하는 방법이다.
- 그레이 헤어 (gray hair) : 나이가 들어서 또는 다른 요인으로 모근에 존재하는 메라노 사이트의 멜라닌 생산 능력이 저하함으로써 모발의 멜라닌 함유량이 감소하고 모발이 희게 보이는 것이다.
백발 또는 흰 머리가 섞여있는 모발을 그레이 헤어라고 한다.

● 그레이 헤어 칼라 (gray hair color) : 흰머리를 검게 염색하는 것으로써 요즘에는 멋내기 염색처럼 전체를 밝게도 염색한다.

● 경수 (hard water) : 칼슘이온, 마그네슘 이온이 많이 포함되어 있는 물을 경수라고 한다. 샴푸와 퍼머에 악 영향을 미친다.

● 합성 염료 (synthetic dye) : 일반적으로 타르 색소라고 불리고 있다.

● 코팅 : 헤어 메니큐어로 염색해서 모발 표면에 색을 넣는 것을 말한다.

● 콜텍스 (cortex) : 모발은 크게 나누어 모소피 (케라틴), 모피질 (콜텍스), 모수질 (메듈라)으로 나눈다. 여기서 콜텍스는 케라틴의 내측에 있고 멜라닌 색소가 존재한다. 헤어 칼라나 퍼머제가 작용하는 것은 콜텍스에서 한다.

● 퇴색 (fade) : 헤어 칼라를 한 후 시간이 지나면 색이 빠지는 것을 말한다. 퇴색되지 않는 헤어 칼라에서는 칼라 체인지도 할 수 없기 때문에 어느 정도 퇴색하는 것이 다음의 칼라 체인지를 가능하게 한다.

● 탈색제 (hair bleach/hair lightner) : 모발속의 멜라닌 색소를 분해하기 위한 약제이다. 염색되기 힘든 모발을 밝게 하거나 헤어 칼라제에 섞어서 밝게 하는 경우도 있다. 모발중의 멜라닌 색소를 산화탈색하고, 모발의 색을 백색에 가깝게 만들 수 있다. 쉽게 말하면 산화 염모제에서 산화 염료를 뺀 제품이다.

● 탈염제 (decoloring agent) : 모발의 색소를 산화 탈색하기 위한 약제이다. 탈색제는 모발을 밝게 하기 위한 것이지만 탈염제는 헤어 칼라에서 염색된 색을 제거하는데 사용한다. 산화력은 탈색제보다 강하고 탈색제와 같이 과산화 수소의 작용으로 멜라닌 색소 산화 탈색 작용도 있다. 그러나 산화력이 지나치게 강하여 모발 손상도가 크다.

● 틴트 (tint) : 칼라제가 가지고 있는 색소, 색 (색상, 명도, 채도)를 말한다.

● 등전점 (等電点 isoelectric point) : 양성 전해질의 용액에서 또는 (+) (-)의 전하가 전체에서 전위 0 가 되는 PH를 등전점이라고 한다. 모발의 경우는 PH4.5 ~5.5가 된다.

● 톤 (tone) : 본래의 의미는 색조이다. 미용에서는 모발의 (명도구채도)를 말한다.

● 리프트 업 (lift up) : 모발에 염모나 블리치를 사용해서 본래의 상태로부터 밝게 하는 것

● 리무브 (remover) : 산성 헤어 칼라 등 두피나 피부에 묻었을 때 지우는 것

● 전처리 (pre treatment) : 주 시술을 하기 전에 그 효과를 보조하고 보호하고 작업하기 쉬울 때 하는 것이다. 손상 예방을 위해서는 전 처리가 일반적이지만 헤어칼라의 경우에는 모발이 너무 오염되었을 때 한다.

● 먼셀 색상환 (the munsell color circle) : 적·적자, 자·청자, 청·청록, 녹·항록, 황·황적의 20색이 원의 상태에 배치된 것

● 먼셀 색 입체 (the munsell color solid) : 색의 삼층성으로 색상, 채도, 명도를 표시되는 색차가 가능한 보일 수 있도록 구성된 것이다.

● 무채색 (achromatic color/nautral) : 색상과 채도가 없는 색, 흰색에서 검은색까지 명도만으로 구성되어 있는 색

- 명도 : 색의 3요소 중 하나 (색상, 명도, 채도) (value/lighthess) : 밝기를 나타내는 수가로 평가한다. 모발에서의 명도는 채도와의 관련에서 평가를 혼돈하기 쉬우므로 주의한다.
- 메쉬 : 프랑스말로 부분적으로 잡은 모발을 말한다.
- 메듈라 (medulla) : 모발의 중심부에 있는 공간처럼 보이는 부분이다. 어떤 역할을 하는지는 명확하지 않으나 현미경으로 관찰하면 메듈라가 있는 모발과 없는 모발이 있다.
- 멜라닌 (melanin) : 피부나 모발에 존재하는 색소로써 멜라닌이 많을수록 피부나 모발이 검게 된다. 멜라닌은 자외선의 유해한 작용으로 신체를 지키는 역할을 하고 자외선을 많이 쐬면 피부에서 멜라닌 생성이 활발해서 검게 탄다.
- 모근 (hair root) : 모발의 피부속에 있는 부분 l 모소피 ·모표피 (culicle) · 모수질 (medulla) 모발 구성요소 l 모피질 (cortex)
- 하이라이트 (high lighte) : 헤어칼라를 했을 때 가장 밝게 보이는 부분이다. 일반적으로 톤을 높여서 본래의 모발보다 밝게 한 부분을 말한다.
- 백발 (gray hair)
- 버진헤어 (virgin hair) : 퍼머나 헤어칼라 등 화학적 처리를 하지 않는 모발을 말한다.
- 파스텔 칼라 (pastel color) : 부드러운 색을 말한다. 파스텔 핑크, 파스텔 옐로우, 파스텔오렌지등이 표현방법으로 사용된다.
- 퍼스날 칼라 (personal color) : 사람이 본래 개개인이 가지고 있는 모발, 눈, 피부의 색등을 본래 그 사람에게 조화되는 색이 있다고 하는 생각을 말한다.
- 발색제 (dye intermediate) : 산화 염모1제에는 염료 중간체와 카블라가 배합되어 있다. 염료 중간체가 발색제가 있고 이것이 모발을 염색한다.
- 판넬 (panel) : 얇게 판상으로 잡아낸 모발
- 반영구 염모제 (sempermanent hair color) : 일단 염색하면 3 ~ 4주 정도의 색을 유지하는 것으로써 산성 염료를 유기 용제에 녹여서 침투시키는 것으로 산성칼라, 헤어 메니큐어라고 부른다.
- 페이드 (fade) : 색의 명도나 색조가 없어지는 것, 헤어 칼라에서는 샴푸로 떨어지는 것과 자외선의 영향으로 색소가 무너지기 때문에 일어나는 경우가 있다.
- 블리치 (bleach) : 표백하는 것으로, 모발의 경우에는 모발속의 멜라닌 색소를 표백하는 것, 모발의 명도, 채도를 높이고 색상도 약간 변화시킨다.
- 블리치제 (bleach agent) : 모발속의 멜라닌 색소를 표백해서 모발을 밝게 하는 효과가 있다.
- 프레 샴푸 (pre-shampoo) : 전처리로써의 샴푸로 헤어 칼라에서는 필수적인 것은 아니고 기름기나 금속성분이 묻었을 때 샴푸한다.
- 헤어 메니큐어 (hair manicure) : 모발 표피층에 산성염료를 이온 결합시켜서 염색하는 것이다. 블리치 작용이 없는 검은 모발에는 확실한 효과가 업으나 백모나 블리치된 모발에는 효과가 뛰어나다.

● PH (potential hydrogen) : 수용색의 액상으로 수소 이온 농도를 숫자로 표시하는 것으로 PH7을 중성, 그 이하는 산성, 이상을 알카리성이라고 표시한다.

● 헤나 (henna) : 원산지 인도를 비롯하여 중국,네팔, 스리랑카, 파키스탄, 이집트 등 북위 10。~ 30。 범위에서 분포되어 있는 식물의 잎으로 파우더 형태의 염료로 고대 이집트 시대에서부터 사용되었다.

● 채도 (saturation) : 색의 선명함의 강,약의 정도를 채도라고 한다. 가장 채도가 높은 색을 순색이라고 한다. 색의 3속성 : 채도·명도·색상

● 산화 (oxidization) : 산소가 화합물에 화합하는 화학반응. 산화된 화합물을 산화물이라고 하고 헤어 칼라제나 퍼머제는 산화, 환원의 특성을 이용해서 칼라에서는 탈색과 염색, 퍼머에서는 형상 변화를 시킨다.

● 산화 염료 (oxidative dye) : 염색제의 기본으로 3가지 타입으로 나눈다. ① 중간체 : 색의 기본이 되는 염료로 2제의 과산화 수소에 의해 산화중합해서 크게 되어 발색한다. ② 조색제 : 중간체와 결합해서 발색하는 염료로써 2제의 과산화 수소에 의해 산화 중합되어 크게 된다. ③ 조색제만으로는 색을 만들 수 없으나 중간체와 결합해서 여러가지 색을 만들어 낸다. ④ 직접염료 : 적색, 황색들의 선명한 색의 염료로 산화 중합하지 않고 이 염료자체가 발색한다.

● 삼원색 (three primary colors) : 적자 (magenta), 청록 (cyan), 황 (yellow)

● 산성산화염모제 (acid oxidative hair color) : 알카리 칼라제와 같이 2제식의 헤어칼라제이지만 약제의 PH가 약산성이므로 큐티클을 적게 열고 2제의 작용이 약하므로 손상이 적다.

● 산성 (acid) : 물에 녹으면 수소 이온 (H+)을 만들고 PH 7 미만의 화합물을 산성물질이라고 한다.

● 스캘프 (scalp) : 두부의 피부를 말한다.

● 염모제 (hair dye/hair color) : 모발의 색이나 밝기를 주기 위한 약제로써 흰머리 염색이나 모발에 좋아하는 색으로 하는 멋내기 염색이 있다. 염색 능력의 정도에 따라 일시 염모제, 반영구 염모제, 영구염모제의 3종류 나뉜다. ① 일시 염모제 : 칼라 린스, 칼라 스프레이 ② 반영구 염모제 : 산성염모 (헤어 메니큐어) ③ 염구 염모제 : 알카리 산화 염모제, 산성 산화 염모제

● 유채색 (chromatic color) : 무채색이 색상, 채도가 없는 흰색 →검은색에 대해 적색, 황색, 청색등의 색상, 채도가 있는 색을 말한다.

● 레벨 (level) : 헤어 칼라의 밝기를 나타내는 척도

● 뉴트럴컬러 (neutral dolor) : 중간색상을 말한다. 그레이든지, 베이지를 말히는 경우가 많다.

● 뉴트럴 톤 (neutral tone) : 뉴트럴은 중간의 회색의 무지의 등의 뜻으로, 뉴트럴 톤은 일반적으로 무채색을 말한다.

● 도미너 컬러 : 블랙과 화이트의 배색을 말한다.

● 러스트 (rust) : 적갈색

● 머스타드 (mustard) : 겨자색. 갈색이 도는 황색.

- 모노톤 : 본래의 단조로운 색조로 정돈이 된 스타일을 말하지만 특히 블랙이나 화이트 등 무채색을 기초로 한 스타일을 말한다.
- 메로우 컬러 : 부드럽고, 달고, 익었다는 의미, 채도가 낮은 소프트한 색조.
- 멜린지 컬러 (melange color) : 멜란지 (melange)란 프랑스어인 멜랑쥬 (melange)에서 유래된 단어로서 혼합된, 섞인 등의 뜻을 갖고 있다.
- 애크로매틱 컬러 : 백색이나 흑색 등과 같이 색채를 갖지 않는 무채색을 말함.
- 액센트 컬러 : 단조로운 이미지를 탈피하기 위해서 쓰이는 소량의 백. 바탕의 색상과 반대되는 색상을 쓰면 효과적이다. 포인트 컬러와 같은 의미.
- 어드밴싱컬러 : 다른 색상보다 솟아 보이며 가까워 보이는 색. 빨강. 노랑. 황록색 등 진출색계의 명도가 높은 색.
- 오프 화이트 (off white) : 순수한 흰색이 아닌, 약간의 회색을 띠든지. 다른 여러 색을 띤 백색.
- 인파크트 컬러 : 순색을 말함.
- 일렉트릭컬러 : 선명한 색상을 말함.
- 챠콜 (charcoal) : 숯, 목탄, 암회색, 짙은 회색.
- 코랄 (coral) : 산호색. 분홍이나 주황색.
- 터쿠아즈 (turquoise) : 터어키옥의 밝은 청록색.
- 톤 온 톤 (tone on tone) : 동일색상으로 톤이 다른 배색상태. (동일계통의 배색)
- 프러시안 블루 (prussian blue) : 어두운 색조의 보라색을 띤 청색.
- 피치 (peach) : 살구색. 잘 익은 복숭아의 약간 노르스름한 빛을 띤 분홍색.

2025년
미용사 (메이크업) 실기시험과제 구성

1 미용사 (메이크업)과제 유형 (2시간 35분)

과제 유형	제1과제 (40분)	제2과제 (40분)	제3과제 (50분)	제4과제 (25분)
	뷰티 메이크업	시대 메이크업	캐릭터 메이크업	속눈썹 익스텐션 및 수염
작업대상	모델			마네킹
세부 과제	① 웨딩 (로맨틱)	① 현대1 - 1930 (크레타 가르보)	① 이미지 (레오파드)	① 속눈썹 익스텐션 (왼쪽)
	② 웨딩 (클래식)	② 현대2 - 1950 (마릴린 먼로)	② 무용 (한국)	② 속눈썹 익스텐션 (오른쪽)
	③ 한복	③ 현대3 - 1960 (트위기)	③ 무용 (발레)	③ 미디어 수염
	④ 내추럴	④ 현대4 - 1970~1980 (펑크)	④ 노역 (추면)	
배점	30	30	25	15

※ 총 4과제로 시험당일 각 과제가 무작위 선정되는 방식으로 아래와 같이 선정

1과제 : ①~④ 과제 중 1과제 선정
2과제 : ①~④ 과제 중 1과제 선정
3과제 : ①~④ 과제 중 1과제 선정
4과제 : ①~③ 과제 중 1과제 선정

※ 각 과제 작업 종료 후 다음 과제를 위한 준비시간이 부여될 예정이며, 1, 2과제 작업 후 클렌징 및 세안 (준비시간 내) 진행

2. 수험자 지참 재료목록

자격종목	미용사 (메이크업)

일련번호	지참 공구명	규격	단위	수량	비고
1	모델		명	1	모델기준 참조
2	위생 가운	긴팔 또는 반팔, 흰색	개	1	시술자용 (1회용 가운 불가)
3	눈썹 칼	눈썹정리용	개	1	메이크업용 미사용품
4	브러시 세트	메이크업용	set	1	
5	어깨보	메이크업용, 흰색	개	1	모델용
6	스폰지 퍼프	메이크업용	개	필요량	메이크업용 미사용품
7	분첩	메이크업용	개	1	메이크업용 미사용품
8	뷰러	메이크업용	개	1	메이크업용
9	타월	40×80cm 내외 정도, 흰색	개	필요량	작업대 세팅용, 세안용
10	소독제	액상 또는 젤	개	1	도구·피부 소독용
11	탈지면 용기		개	1	뚜껑이 있는 용기
12	탈지면 (미용솜)		개	필요량	
13	미용티슈		개	필요량	미용용
14	면봉		개	필요량	미용용
15	족집게		개	1	눈썹관리용
16	터번 (헤어밴드)		개	1	흰색
17	아이섀도우 파레트	(단품 제품 지참 가능)	set	1	메이크업용
18	립 팔레트	(단품 제품 지참 가능)	set	1	메이크업용
19	메이크업 베이스		개	1	메이크업용
20	페이스 파우더		개	1	메이크업용
21	아이라이너	브라운색, 검정색	개	각 1	타입 제한 없음
22	파운데이션	리퀴드, 크림, 스틱 제형 등 (에어졸 제품 불가)	set	1	하이라이트, 섀도우, 베이스컬러용 등
23	마스카라		개	1	
24	아이브로우 펜슬		개	1	
25	인조 속눈썹		set	필요량	

2. 수험자 지참 재료목록

자격종목	미용사 (메이크업)

일련 번호	지참 공구명	규격	단위	수량	비고
26	위생봉투 (투명비닐)		개	1	쓰레기 처리용, 고정용 테이프 포함
27	스파출라		개	1	메이크업 용
28	수염 (가공된 상태)	검정색	set	1	생사 또는 인조사
29	속눈썹 가위		개	1	눈썹관리용
30	고정 스프레이 (일반 스프레이)		개	1	수염관리용
31	수염 접착제 (스프리트 검 또는 프로세이드)	개	개	1	수염관리용
32	가위		개	1	수염관리용
33	핀셋	개	개	1	수염관리용
34	빗 (꼬리빗 또는 마이크로 브러시)		개	1	수염관리용
35	가제수건	(물에 젖은 상태)	개	1	거즈, 물티슈 대용가능
36	글루	공인인증기관으로 부터 자가번호 부여받은 제품	개	1	공인인증제품
37	글루판 (속눈썹 판)		개	1	속눈썹 관리용
38	속눈썹 (J컬)	J컬 타입 (8, 9, 10, 11, 12mm)	set	필요량	두께 0.15~0.2mm
39	마네킹 (5~6mm 인조 속눈썹이 50가닥 이 상이 부착된 상태)	개	개	1	속눈썹관리 및 수염관리용 (홀더 추가지참가능)
40	핀셋		개	2	속눈썹 관리용
41	아이패치	속눈썹관리용	개	1	흰색, 테이프 불가
42	우드 스파출라	속눈썹관리용	개	필요량	속눈썹관리용 미사용품
43	전처리제	속눈썹관리용	개	1	속눈썹관리용
44	속눈썹 빗	속눈썹관리용	개	1	속눈썹관리용
45	속눈썹 접착제	공인인증기관으로부터 자가번호 부여받은 제품	개	1	공인인증제품
46	속눈썹 판		개	1	속눈썹관리용
47	클렌징 제품 및 도구	클렌징 티슈, 해면, 습포 등	개	필요량	메이크업 제거용
48	메이크업 팔레트 (플레이트 판)		개	1	믹싱용(파인데이션 및 아이섀도 등)

국가기술자격 실기시험문제

자격종목	미용사 (메이크업)	과제명	〈전 과제 공통〉

※ 수험자 유의사항

다음 사항을 준수하여 실기시험에 임하여 주십시오. 만약 아래의 사항을 지키지 않을 경우, 시험장의 입실 및 수험에 제한을 받는 불이익이 발생할 수 있다는 점 인지하여 주시고, 시험위원의 지시가 있을 경우, 다소 불편함이 있더라도 적극 협조하여 주시기 바랍니다.

1. 수험자와 모델은 시험위원의 지시에 따라야 하며, 지정된 시간에 시험장에 입실해야 합니다.
2. 수험자는 수험표 또는 신분증 (본인임을 확인할 수 있는 사진이 부착된 증명서)을 지참해야 합니다.
3. 수험자는 반드시 반팔 또는 긴팔 흰색 위생복 (1회용 가운 제외)을 착용하여야 하며 복장에 소속을 나타내거나 암시하는 표식이 없어야 합니다.
4. 수험자 및 모델은 반드시 눈에 보이는 표식 (예 : 네일 컬러링, 디자인 등)이 없어야 하며, 표식이 될 수 있는 액세서리 (예 : 반지, 시계, 팔찌, 발찌, 목걸이, 귀걸이 등)를 착용할 수 없습니다.
5. 수험자 또는 모델은 스톱워치나 핸드폰을 사용할 수 없습니다.
6. 모든 수험자는 함께 대동한 모델에 작업해야 하고 모델을 대동하지 않을 시에는 과제에 응시할 수 없습니다.

※ 모델기준 : 만14세 이상~만 55세 이하(년도 기준)
※ 모델은 사전에 메이크업이 되어 있지 않은 상태로 시험에 임하여야 합니다.
※ 수험자가 동반한 모델도 신분증을 지참하여야 하며, 공단에서 지정한 신분증을 지참하지 않은 경우, 모델로 시험에 참여가 불가능합니다.

7. 수험자는 시험 중에 관리상 필요한 이동을 제외하고 지정된 자리를 이탈하거나 모델 또는 다른 수험자와 대화할 수 없습니다.
8. 과제별 시험 시작 전 준비시간에 해당 시험 과제의 모든 준비물을 작업대에 세팅하여야 하며, 시험 중에는 도구 또는 재료를 꺼내는 경우 감점 처리합니다.
9. 지참하는 준비물은 시중에서 판매되는 제품이면 무방하며, 브랜드를 따로 지정하지 않습니다.
10. 지참하는 화장품 등은 외국산, 국산 구별없이 시중에서 누구나 쉽게 구입할 수 있는 것을 지참 (수험자가 평소 사용하던 화장품도 무방함)하도록 합니다.
11. 수험자가 도구 또는 재료에 구별을 위해 표식 (스티커 등)을 만들어 붙일 수 없습니다.
12. 수험자는 위생봉투 (투명비닐)를 준비하여 쓰레기봉투로 사용할 수 있도록 작업대에 부착합니다.
13. 매 과정별 요구사항에 여러 가지의 형이 있는 경우에는 반드시 시험위원이 지정하는 형을 작업해야 합니다.
14. 매 작업과정 시술 전에는 준비 작업시간을 부여하므로 시험위원의 지시에 따라 행동하고, 각종 도구도 잘 정리정돈한 다음 작업에 임하며, 과제 시작 전 사용에 적합한 상태를 유지하도록 미리 준비 (작업대 세팅 및 모델 터번 착용 등)합니다.
15. 시험 종료 후 지참한 모든 재료는 가지고 가며, 주변 정리 정돈을 끝내고 퇴실토록 합니다.
16. 제시된 시험시간 안에 모든 작업과 마무리 및 작업대 정리 등을 끝내야 하며, 시험시간을 초과하여 작업하는 경우는 해당 과제를 0점 처리합니다.
17. 각 과제별 작업을 위한 모델의 준비가 적합하지 않을 경우 감점 혹은 과제 0점 처리될 수 있습니다.
18. 시험 종료 후 시험위원의 지시에 따라 마네킹에 기 작업된 4과제 작업분을 변형 혹은 제거한 후 퇴실하여야 합니다.

19. 각(1~3)과제 종료 후 다음 과제 준비시간 전에 시험위원의 지시에 따라 클렌징 제품 및 도구를 사용하여 완성된 과제를 제거하고 다음 과제 작업 준비를 해야 합니다.

20. 작업에 필요한 각종 도구를 바닥에 떨어뜨리는 일이 없도록 하여야 하며, 특히 눈썹칼, 가위 등을 조심성 있게 다루어 안전사고가 발생되지 않도록 주의해야 합니다.

21. 채점대상 제외사항
   ① 시험의 전체과정을 응시하지 않은 경우
   ② 시험도중 시험장을 무단으로 이탈하는 경우
   ③ 부정한 방법으로 타인의 도움을 받거나 타인의 시험을 방해하는 경우
   ④ 무단으로 모델을 수험자간에 교체하는 경우
   ⑤ 국가기술자격법상 국가기술자격 검정에서의 부정행위 등을 하는 경우
   ⑥ 수험자가 위생복을 착용하지 않은 경우
   ⑦ 수험자 유의사항 내의 모델 조건에 부적합한 경우
   ⑧ 요구사항 등의 내용을 사전에 준비해 온 경우 (예 : 눈썹을 미리 그려온 경우, 수염과제를 미리 해 온 경우, 턱 부위에 밑그림을 그려온 경우, 속눈썹 (J컬)을 미리 붙여온 상태 등)
   ⑨ 마네킹을 지참하지 않은 경우

22. 시험응시 제외 사항
   ① 모델을 데려오지 않은 경우

23. 오작사항
   ① 요구된 과제가 아닌 다른 과제를 작업하는 경우
   (예: 웨딩(로맨틱) 메이크업을 웨딩(클래식) 메이크업으로 작업한 경우 등)
   ② 작업부위를 바꿔서 작업하는 경우
   (예: 마네킹(속눈썹)의 좌우를 바꿔서 작업하는 경우 등)

24. 득점 외 별도 감점사항
   ① 수험자의 복장상태, 모델 및 마네킹의 사전 준비상태 등 어느 하나라도 미 준비하거나 사전준비작업이 미흡한 경우
   ② 필요한 기구 및 재료 등을 시험 도중에 꺼내는 경우
   ③ 문신 및 반영구 메이크업(눈썹, 아이라인, 입술) 및 속눈썹 연장을 한 모델을 대동한 경우
   ④ 눈썹염색 및 틴트 제품을 사용한 모델을 대동한 경우

25. 미완성 사항
   ① 4과제 속눈썹 익스텐션 작업 시 최소 40가닥 이상의 속눈썹 (J 컬)을 연장하지 않은 경우
   ② 4과제 미디어 수염 작업 시 콧수염과 턱수염 중 어느 하나라도 작업하지 않은 경우

※ 타월류의 경우는 비슷한 크기이면 무방합니다.

※ 아트용 컬러, 물통, 아트용 브러시, 바구니(흰색), 더마왁스, 실러(메이크업 용), 홀더(마네킹) 및 수험자 지참준비물 중 기타 필요한 재료의 추가 지참은 가능합니다(송풍기, 부채 등은 지참 및 사용 불가).

※ 공개 문제 및 수험자 지참 준비물에 언급된 도구 및 재료 중 기타 실기시험에서 요구한 작업 내용에 영향을 주지 않은 범위 내에서 수험자가 메이크업 미용작업에 필요하다고 생각되는 재료 및 도구 등은 (예 : 아이섀도우(크림·펄 타입 등)류, 브러시류, 핀셋류 등) 더 추가 지참할 수 있습니다.

※ 소독제를 제외한 주요 화장품을 덜어서 가져오시면 안 되며 정품을 사용해야 합니다.

※ 미용사 (메이크업실기시험 공개문제 (도면)의 헤어스타일 (업스타일, 흰머리 표현 등 불가) 및 장신구 (티아라, 비녀 등 지참 불가), 써클·컬러렌즈 (모델착용불가), 헤어컬러링 상태 등은 채점 대상이 아니며 대동 모델에게 착용 등이 불가합니다.

국가기술자격 실기시험문제

자격종목	미용사 (메이크업)	과제명	뷰티 메이크업 웨딩 (로맨틱)

비번호 :

※ 시험시간 : 40분

1. 요구사항 (1과제)

※ 지참재료 및 도구를 사용하여 아래의 요구사항에 따라 뷰티메이크업 웨딩 (로맨틱)을 시험시간 내에 완성하시오.

가. 과제를 수행하기 전 수험자의 손 및 도구류를 소독한 후 제시된 도면을 참고하여 웨딩 (로맨틱) 메이크업 스타일을 연출하시오.

나. 모델의 피부톤에 적합한 메이크업베이스를 선택하여 얇고 고르게 펴 바르시오.

다. 모델의 피부보다 한 톤 밝게 표현하시오.

라. 섀딩과 하이라이트 후 파우더로 가볍게 마무리하시오.

마. 모델의 눈썹 모양에 맞추어 흑갈색으로 그리되 눈썹 산이 각지지 않게 둥근 느낌으로 그리시오.

바. 아이섀도는 펄이 약간 가미된 연 핑크색으로 눈두덩이와 언더 라인 전체에 바르시오.

사. 연보라색 아이섀도우로 도면과 같이 아이라인 주변을 짙게 바르고 눈두덩이 위로 자연스럽게 그라데이션한 후 눈꼬리 언더 라인 1/2~1/3까지 그라데이션하시오. (단, 아이섀도우 연출 시 아이홀 라인의 경계가 생기지 않게 그라데이션하시오)

아. 아이라인은 아이라이너로 속눈썹 사이를 메꾸어 그리고 눈매를 아름답게 교정하시오.

자. 뷰러를 이용하여 자연 속눈썹을 컬링 하시오.

차. 인조 속눈썹은 모델 눈에 맞춰 붙이고, 마스카라를 발라주시오.

카. 치크는 핑크색으로 애플 존 위치에 둥근 느낌으로 바르시오,

타. 립은 핑크색으로 입술 안쪽을 짙게 바르고 바깥으로 그라데이션 한 후 립글로스로 촉촉하게 마무리하시오.

2. 수험자 유의사항

1) 모델은 문신 (눈썹, 아이라인, 입술 등), 속눈썹 연장 및 메이크업이 되어 있지 않은 상태이어야 합니다.
2) 스파출라, 속눈썹 가위, 족집게, 눈썹칼 등의 도구류를 사용 전 소독제로 소독해야 합니다.
3) 메이크업 베이스, 파운데이션을 펴 바를 때 스펀지 퍼프 또는 브러시를 사용하시오.
4) 아이섀도, 치크, 립 등의 표현 시 브러시 등 적합한 도구를 사용하시오.
5) 화장품은 요구사항에 지정된 제형 외에는 타입에 상관없이 자유롭게 사용하시오.

3. 도면

자격종목	미용사 (메이크업)	과제명	뷰티 메이크업 웨딩 (로맨틱)	척도	NS

국가기술자격 실기시험문제

자격종목	미용사 (메이크업)	과제명	뷰티 메이크업 웨딩 (클래식)

비번호 :

※ 시험시간 : 40분

1. 요구사항 (1과제)

※ 지참재료 및 도구를 사용하여 아래의 요구사항에 따라 뷰티메이크업 웨딩 (클래식)을 시험시간 내에 완성하시오.

가. 과제를 수행하기 전 수험자의 손 및 도구류를 소독한 후 제시된 도면을 참고하여 웨딩 (클래식) 메이크업 스타일을 연출하시오.

나. 모델의 피부톤에 적합한 메이크업베이스를 선택하여 얇고 고르게 펴 바르시오.

다. 모델의 피부톤에 맞춰 결점을 커버하여 깨끗하게 피부표현 하시오.

라. 섀딩과 하이라이트로 윤곽 수정 후 파우더로 매트하게 마무리하시오.

마. 모델의 눈썹 모양에 맞추어 흑갈색으로 그리되 눈썹 산이 약간 각지도록 그려주시오.

바. 피치색의 아이섀도를 눈두덩이 전체에 펴 바른 후 브라운색으로 속눈썹 라인에 깊이감을 주고, 눈두덩이 위로 펴 바르시오.

사. 눈앞머리의 위, 아래에는 골드 펄을 발라 화려함을 연출하시오.

아. 아이라인은 속눈썹 사이를 메꾸어 그리고 눈매를 아름답게 교정하시오.

자. 뷰러를 이용하여 자연 속눈썹을 컬링 하시오.

차. 인조 속눈썹은 뒤쪽이 긴 스타일로 모델 눈에 맞춰 붙이고, 마스카라를 발라주시오.

카. 치크는 피치 색으로 광대뼈 바깥에서 안쪽으로 블렌딩 하시오.

타. 립컬러는 베이지 핑크색으로 바르고 입술 라인을 선명하게 표현하시오.

2. 수험자 유의사항

1) 모델은 문신 (눈썹, 아이라인, 입술 등), 속눈썹 연장 및 메이크업이 되어 있지 않은 상태이어야 합니다.
2) 스파출라, 속눈썹 가위, 족집게, 눈썹칼 등의 도구류를 사용 전 소독제로 소독해야 합니다.
3) 메이크업 베이스, 파운데이션을 펴 바를 때 스펀지 퍼프 또는 브러시를 사용하시오.
4) 아이섀도, 치크, 립 등의 표현 시 브러시 등 적합한 도구를 사용하시오.
5) 화장품은 요구사항에 지정된 제형 외에는 타입에 상관없이 자유롭게 사용하시오.

3. 도면

자격종목	미용사 (메이크업)	과제명	뷰티 메이크업 웨딩 (클래식)	척도	NS

국가기술자격 실기시험문제

자격종목	미용사 (메이크업)	과제명	뷰티 메이크업 (한복)

비번호 :

※ 시험시간 : 40분

1. 요구사항 (1과제)

※ 지참재료 및 도구를 사용하여 아래의 요구사항에 따라 뷰티 메이크업 (한복)을 시험시간 내에 완성하시오.

가. 과제를 수행하기 전 수험자의 손 및 도구류를 소독한 후 제시된 도면을 참고하여 한복 메이크업 스타일을 연출하시오.

나. 모델의 피부톤에 적합한 메이크업베이스를 선택하여 얇고 고르게 펴 바르시오.

다. 모델의 피부 톤에 맞춰 결점을 커버하여 깨끗하게 피부표현 하시오.

라. 섀딩과 하이라이트 후 파우더로 가볍게 마무리하시오.

마. 모델의 눈썹 모양에 맞추어 자연스러운 브라운 컬러의 눈썹을 표현하시오.

바. 아이섀도의 표현을 펄이 약간 가미된 피치색으로 눈두덩이와 언더 라인 전체에 바르시오.

사. 브라운색 아이섀도로 도면과 같이 아이라인 주변을 짙게 바르고 눈두덩이 위로 자연스럽게 그라데이션한 후 눈꼬리 언더 라인 1/2~1/3까지 그라데이션하시오 (단, 아이섀도우 연출 시 아이홀 라인의 경계가 생기지 않게 그라데이션하시오)

아. 언더 라인에는 밝은 크림색 섀도를 덧발라 애교 살이 돋보이도록 하시오.

자. 아이라인은 속눈썹 사이를 메꾸어 그리고 눈매를 아름답게 교정하시오.

차. 뷰러를 이용하여 자연 속눈썹을 컬링하시오.

카. 인조 속눈썹을 모델 눈에 맞춰 붙이고, 마스카라를 발라주시오.

타. 치크는 오렌지 계열로 광대뼈 위쪽에 안에서 바깥으로 블렌딩해서 바르시오.

파. 립컬러는 오렌지 레드색으로 바르고 입술 라인을 선명하게 표현하시오.

2. 수험자 유의사항

1) 모델은 문신 (눈썹, 아이라인, 입술 등), 속눈썹 연장 및 메이크업이 되어 있지 않은 상태이어야 합니다.
2) 스파출라, 속눈썹 가위, 족집게, 눈썹칼 등의 도구류를 사용 전 소독제로 소독해야 합니다.
3) 메이크업 베이스, 파운데이션을 펴 바를 때 스펀지 퍼프 또는 브러시를 사용하시오.
4) 아이섀도, 치크, 립 등의 표현 시 브러시 등 적합한 도구를 사용하시오.
5) 화장품은 요구사항에 지정된 제형 외에는 타입에 상관없이 자유롭게 사용하시오.

3. 도면

자격종목	미용사 (메이크업)	과제명	뷰티 메이크업 (한복)	척도	NS

국가기술자격 실기시험문제

자격종목	미용사 (메이크업)	과제명	뷰티 메이크업 (내추럴)

비번호 :

※ 시험시간 : 40분

1. 요구사항 (1과제)

※ 지참재료 및 도구를 사용하여 아래의 요구사항에 따라 뷰티 메이크업 (내추럴)을 시험 시간 내에 완성하시오.

가. 과제를 수행하기 전 수험자의 손 및 도구류를 소독한 후 제시된 도면을 참고하여 뷰티 메이크업 내추럴 스타일을 연출하시오.

나. 모델의 피부톤에 적합한 메이크업베이스를 선택하여 얇고 고르게 펴 바르시오.

다. 베이스 메이크업은 모델 피부색과 비슷한 리퀴드 파운데이션을 사용하시오.

라. 피부의 결점 등을 커버하기 위하여 컨실러 등을 사용할 수 있으며 파운데이션은 두껍지 않게 골고루 펴 바르며 투명 파우더를 사용하여 마무리하시오.

마. 눈썹의 표현은 모댈의 눈썹의 결을 최대한 살려 자연스럽게 그려주시오.

바. 아이섀도의 표현은 펄이 없는 베이지색으로 눈두덩이와 언더 라인 전체에 바르시오.

사. 브라운색으로 도면과 같이 아이라인 주변을 바르고 눈두덩이 위로 자연스럽게 아이섀도우한 후 눈꼬리 언더라인 1/2~1/3까지 그라데이션하시오 (단, 아이섀도우 연출 시 아이홀 라인의 경계가 생기지 않게 그라데이션하시오)

아. 아이라인은 브라운컬러의 섀도우 타입이나 펜슬타입을 이용하여 점막을 채우듯이 속눈썹 사이를 메꾸어 그리고 눈매를 자연스럽게 교정하시오.

자. 뷰러를 이용하여 자연스럽게 속눈썹을 컬링하시오.

차. 마스카라를 이용하여 위아래 속눈썹을 모두 한올 한올 뭉치지 않게 발라 자연스러운 C컬이 되도록 연출하시오.

카. 치크는 피치컬러로 광대뼈 안쪽에서 바깥쪽으로 블렌딩하시오.

타. 립은 베이지핑크색으로 자연스럽게 발라 마무리하시오.

2. 수험자 유의사항

1) 모델은 문신 (눈썹, 아이라인, 입술 등), 속눈썹 연장 및 메이크업이 되어 있지 않은 상태이어야 합니다.
2) 스파출라, 속눈썹 가위, 족집게, 눈썹칼 등의 도구류를 사용 전 소독제로 소독해야 합니다.
3) 메이크업 베이스, 파운데이션을 펴 바를 때 스펀지 퍼프 또는 브러시를 사용하시오.
4) 아이섀도, 치크, 립 등의 표현 시 브러시 등 적합한 도구를 사용하시오.
5) 화장품은 요구사항에 지정된 제형 외에는 타입에 상관없이 자유롭게 사용하시오.

3. 도면

자격종목	미용사 (메이크업)	과제명	뷰티 메이크업 (내츄럴)	척도	NS

국가기술자격 실기시험문제

자격종목	미용사 (메이크업)	과제명	시대 메이크업 (크레타 가르보)

비번호 :

※ 시험시간 : 40분

1. 요구사항 (2과제)

※ 지참재료 및 도구를 사용하여 아래의 요구사항에 따라 시대 메이크업 (크레타 가르보)을 시험 시간 내에 완성하시오.

가. 과제를 수행하기 전 수험자의 손 및 도구류를 소독한 후 제시된 도면을 참고하여 시대 메이크업 (크레타 가르보)스타일을 연출하시오.

나. 모델의 피부톤에 적합한 메이크업 베이스를 선택하여 얇고 고르게 펴 바르시오.

다. 모델의 피부 톤에 맞춰 결점을 커버하여 깨끗하게 피부표현하시오.

라. 섀딩과 하이라이트로 윤곽 수정 후 파우더로 매트하게 마무리하시오.

마. 눈썹은 도면과 같이 완벽하게 커버하고 아치형으로 그려 크레타 가르보의 개성이 돋보이게 표현하시오.

바. 아이섀도의 표현은 도면과 같이 모델의 눈두덩이에 펄이 없는 갈색계열의 컬러를 이용하여 아이홀을 그리고 그라데이션하시오.

사. 아이라인은 속눈썹 사이를 메꾸어 그리고 도면과 같이 눈매를 교정하시오.

아. 뷰러를 이용하여 자연 속눈썹을 컬링하시오.

자. 인조 속눈썹은 모델 눈에 맞춰 붙이고, 깊고 그윽한 눈매를 연출하시오.

차. 치크는 브라운 색으로 광대뼈 아래쪽을 강하게 표현하고 얼굴 전체를 핑크톤으로 가볍게 쓸어 표현하시오.

카. 적당한 유분기를 가진 레드브라운 립컬러를 이용하여 인커브 형태로 바르시오.

2. 수험자 유의사항

1) 모델은 문신 (눈썹, 아이라인, 입술 등), 속눈썹 연장 및 메이크업이 되어 있지 않은 상태이어야 합니다.
2) 스파출라, 속눈썹 가위, 족집게, 눈썹칼 등의 도구류를 사용 전 소독제로 소독해야 합니다.
3) 메이크업 베이스, 파운데이션을 펴 바를 때 스펀지 퍼프 또는 브러시를 사용하시오.
4) 아이섀도, 치크, 립 등의 표현 시 브러시 등 적합한 도구를 사용하시오.
5) 화장품은 요구사항에 지정된 제형 외에는 타입에 상관없이 자유롭게 사용하시오.

3. 도면

자격종목	미용사 (메이크업)	과제명	시대 메이크업 (크레타 가르보)	척도	NS

국가기술자격 실기시험문제

자격종목	미용사 (메이크업)	과제명	시대 메이크업 (마릴린 먼로)

비번호 :

※ 시험시간 : 40분

1. 요구사항 (2과제)

※ 지참재료 및 도구를 사용하여 아래의 요구사항에 따라 시대 메이크업 (마릴린 먼로)을 시험 시간 내에 완성하시오.

가. 과제를 수행하기 전 수험자의 손 및 도구류를 소독한 후 제시된 도면을 참고하여 시대 메이크업 (마릴린 먼로)스타일을 연출하시오.

나. 모델의 피부톤에 적합한 메이크업 베이스를 선택하여 얇고 고르게 펴 바르시오.

다. 모델의 피부 톤보다 밝은 핑크 톤의 파운데이션으로 표현하시오.

라. 섀딩과 하이라이트로 윤곽 수정 후 파우더로 매트하게 마무리하시오.

마. 눈썹은 브라운 색의 양미간이 좁지 않은 각진 눈썹으로 표현하시오.

바. 아이섀도는 모델의 눈두덩이를 중심으로 핑크와 베이지 계열의 컬러를 이용하여 아이홀을 표현하고 그라데이션하시오.

사. 아이홀 안 쪽 눈꺼풀에 화이트 색상으로 입체감을 주고 언더에는 베이지계열의 섀도를 바르시오.

아. 아이라인은 속눈썹 사이를 메꾸어 그리고 도면과 같이 아이라인을 길게 뺀 형태의 눈매를 표현하시오.

자. 뷰러를 이용하여 자연 속눈썹을 컬링하시오.

차. 인조 속눈썹은 모델의 눈보다 길게 뒤로 빼서 붙여주고 깊고 그윽한 눈매를 표현하시오.

카. 치크는 핑크톤으로 광대뼈보다 아래쪽에서 구각을 향해 사선으로 바르시오.

타. 적당한 유분기를 가진 레드 립컬러를 아웃커브 형태로 바르시오.

파. 도면과 같이 마릴린 먼로의 개성을 돋보이는 점을 그리시오.

2. 수험자 유의사항

1) 모델은 문신 (눈썹, 아이라인, 입술 등), 속눈썹 연장 및 메이크업이 되어 있지 않은 상태이어야 합니다.
2) 스파출라, 속눈썹 가위, 족집게, 눈썹칼 등의 도구류를 사용 전 소독제로 소독해야 합니다.
3) 메이크업 베이스, 파운데이션을 펴 바를 때 스펀지 퍼프 또는 브러시를 사용하시오.
4) 아이섀도, 치크, 립 등의 표현 시 브러시 등 적합한 도구를 사용하시오.
5) 화장품은 요구사항에 지정된 제형 외에는 타입에 상관없이 자유롭게 사용하시오.

3. 도면

자격종목	미용사 (메이크업)	과제명	시대 메이크업 (마릴린 먼로)	척도	NS

국가기술자격 실기시험문제

자격종목	미용사 (메이크업)	과제명	시대 메이크업 (트위기)

비번호 :

※ 시험시간 : 40분

1. 요구사항 (2과제)

※ 지참재료 및 도구를 사용하여 아래의 요구사항에 따라 시대 메이크업 (트위기)을 시험 시간 내에 완성하시오.

가. 과제를 수행하기 전 수험자의 손 및 도구류를 소독한 후 제시된 도면을 참고하여 시대 메이크업 (트위기) 스타일을 연출하시오.

나. 모델의 피부톤에 적합한 메이크업 베이스를 선택하여 얇고 고르게 펴 바르시오.

다. 베이스 메이크업은 모델 피부색과 비슷한 리퀴드 또는 크림 파운데이션을 사용하시오.

라. 파운데이션은 두껍지 않게 골고루 펴 바르며 파우더를 사용하여 마무리하시오.

마. 눈썹의 표현은 도면과 같이 자연스러운 브라운 컬러로 눈썹산을 강조하여 그리시오,

바. 아이섀도는 화이트 베이스 컬러와 핑크, 네이비, 어두운 청색 등을 사용하여 인위적인 쌍꺼풀 라인을 표현하시오.

사. 쌍꺼풀 라인과 아이라인의 선이 선명하도록 강조하여 그라데이션하고 화이트로 쌍꺼풀 안쪽 및 눈썹 아래 부위를 하이라이트하시오.

아. 아이라인은 선명하게 그리고 도면과 같이 눈매를 교정하시오,

자. 뷰러를 이용하여 자연 속눈썹을 컬링한 후 마스카라를 바르고 인조 속눈썹을 붙여 눈매를 강조하시오,

차. 도면과 같이 과장된 속눈썹 표현을 위해 언더 속눈썹에 마스카라를 한 후 아이라이너를 사용하여 그리거나 인조 속눈썹을 잘라 붙여 표현하시오.

카. 아이라인은 검정색을 사용하여 아이홀 라인 바깥쪽으로 과장되게 그려 도면과 같이 표현하시오.

타. 치크는 핑크 및 라이트브라운색으로 애플 존 위치에 둥근 느낌으로 바르시오.

파. 베이지핑크색의 립컬러를 자연스럽게 발라 마무리하시오.

2. 수험자 유의사항

1) 모델은 문신 (눈썹, 아이라인, 입술 등), 속눈썹 연장 및 메이크업이 되어 있지 않은 상태이어야 합니다.
2) 스파출라, 속눈썹 가위, 족집게, 눈썹칼 등의 도구류를 사용 전 소독제로 소독해야 합니다.
3) 메이크업 베이스, 파운데이션을 펴 바를 때 스펀지 퍼프 또는 브러시를 사용하시오.
4) 아이섀도, 치크, 립 등의 표현 시 브러시 등 적합한 도구를 사용하시오.
5) 화장품은 요구사항에 지정된 제형 외에는 타입에 상관없이 자유롭게 사용하시오.

3. 도면

자격종목	미용사 (메이크업)	과제명	시대 메이크업 (트위기)	척도	NS

국가기술자격 실기시험문제

자격종목	미용사 (메이크업)	과제명	시대 메이크업 (펑크)

비번호 :

※ 시험시간 : 40분

1. 요구사항 (2과제)

※ 지참재료 및 도구를 사용하여 아래의 요구사항에 따라 시대 메이크업 (펑크)을 시험 시간 내에 완성하시오.

가. 과제를 수행하기 전 수험자의 손 및 도구류를 소독한 후 제시된 도면을 참고하여 시대 메이크업 (펑크) 스타일을 연출하시오.

나. 모델의 피부톤에 적합한 메이크업 베이스를 선택하여 얇고 고르게 펴 바르시오.

다. 베이스 메이크업은 크림 파운데이션을 사용하여 창백하게 피부 표현하시오.

라. 피부의 결점 등을 커버하기 위하여 컨실러 등을 사용할 수 있으며 파우더를 사용하여 매트하게 마무리하시오.

마. 눈썹은 도면과 같이 눈썹의 결을 강조하여 짙고 강하게 그리시오,

바. 아이섀도의 표현은 화이트, 베이지, 그레이, 블랙 등의 컬러를 이용하여 아이홀을 강하게 표현하시오.

사. 아이홀은 눈 꼬리에서 앞머리 쪽으로 그리고 아이홀의 눈꼬리 1/3 부분을 검정색 아이섀도나 아이라이너를 이용하여 채우고 도면과 같이 그라데이션하시오,

아. 아이라인은 검정색을 이용하여 아이홀 라인을 바깥쪽으로 과장되게 그려 도면과 같이 표현하시오,

자. 언더라인은 위쪽 라인가지 연결하여 강하게 표현하시오,

차. 속눈썹은 뷰러를 이용하여 자연 속눈썹을 컬링한 후 마스카라를 바르고 모델의 눈에 맞게 인조 속눈썹을 잘라 붙여 표현하시오.

카. 치크는 레드브라운색으로 얼굴 앞쪽을 향하여 사선으로 선을 그리듯 강하게 바르시오.

타. 립은 검붉은 색을 사용하여 펴 바르고 입술라인을 선명하게 표현하시오.

2. 수험자 유의사항

1) 모델은 문신 (눈썹, 아이라인, 입술 등), 속눈썹 연장 및 메이크업이 되어 있지 않은 상태이어야 합니다.
2) 스파출라, 속눈썹 가위, 족집게, 눈썹칼 등의 도구류를 사용 전 소독제로 소독해야 합니다.
3) 메이크업 베이스, 파운데이션을 펴 바를 때 스펀지 퍼프 또는 브러시를 사용하시오.
4) 아이섀도, 치크, 립 등의 표현 시 브러시 등 적합한 도구를 사용하시오.
5) 화장품은 요구사항에 지정된 제형 외에는 타입에 상관없이 자유롭게 사용하시오.

3. 도면

자격종목	미용사 (메이크업)	과제명	시대 메이크업 (펑크)	척도	NS

국가기술자격 실기시험문제

자격종목	미용사 (메이크업)	과제명	캐릭터 메이크업 (레오파드)

비번호 :

※ 시험시간 : 50분

1. 요구사항 (3과제)

※ 지참재료 및 도구를 사용하여 아래의 요구사항에 따라 캐릭터 메이크업 (레오파드)을 시험 시간 내에 완성하시오.

가. 과제를 수행하기 전 수험자의 손 및 도구류를 소독한 후 제시된 도면을 참고하여 캐릭터 메이크업 (레오파드) 스타일을 연출하시오.

나. 모델의 피부톤에 맞는 메이크업베이스를 바르시오.

다. 피부톤보다 밝은색 파운데이션을 이용하여 바른 후 파우더로 마무리하시오.

라, 옐로우, 오렌지, 브라운색의 아쿠아 컬러나 아이섀도 등을 사용하여 도면과 같이 조화롭게 그라데이션을 하시오,

마. 아이홀 부위는 도면과 같이 흰색으로 뚜렷하게 표현하고, 검정색 아이라이너, 아쿠아 컬러 등으로 눈꺼풀 위와 눈밑 언더라인의 트임을 표현하시오.

바. 레오파드 무늬는 아쿠아 컬러나 아이라이너 등을 사용하여 선명하고 점진적으로 표현하시오.

사. 인조속눈썹을 사용하여 길고 날카로운 눈매를 표현하시오,

아. 버건디 레드의 립컬러를 모델의 입술에 맞게 사용하되, 구각을 강조한 인커브 형태 (구각)로 표현하시오.

2. 수험자 유의사항

1) 모델은 문신 (눈썹, 아이라인, 입술 등), 속눈썹 연장 및 메이크업이 되어 있지 않은 상태이어야 합니다.
2) 스파츌라, 속눈썹 가위, 족집게, 눈썹칼 등의 도구류를 사용 전 소독제로 소독해야 합니다.
3) 메이크업 베이스, 파운데이션을 펴 바를 때 스펀지 퍼프 또는 브러시를 사용하시오.
4) 아이섀도, 치크, 립 등의 표현 시 브러시 등 적합한 도구를 사용하시오.
5) 화장품은 요구사항에 지정된 제형 외에는 타입에 상관없이 자유롭게 사용하시오.

3. 도면

자격종목	미용사 (메이크업)	과제명	캐릭터 메이크업 (레오파드)	척도	NS

국가기술자격 실기시험문제

자격종목	미용사 (메이크업)	과제명	캐릭터 메이크업 (한국무용)

비번호 :

※ 시험시간 : 50분

1. 요구사항 (3과제)

※ 지참재료 및 도구를 사용하여 아래의 요구사항에 따라 캐릭터 메이크업 (한국무용)을 시험 시간 내에 완성하시오.

가. 과제를 수행하기 전 수험자의 손 및 도구류를 소독한 후 제시된 도면을 참고하여 캐릭터 메이크업 (한국무용) 스타일을 연출하시오.
나. 모델의 피부톤에 적합한 메이크업베이스를 선택하여 얇고 고르게 펴 바르시오.
다. 모델의 피부톤에 맞춰 결점을 커버하고 파운데이션으로 깨끗하게 피부표현하시오.
라. 섀딩과 하이라이트로 윤곽 수정 후 핑크 파우더로 매트하게 마무리하시오.
마. 눈썹은 브라운색으로 시작하여 검정색으로 자연스럽게 연결되도록 표현하며, 모델의 얼굴형을 고려하여 도면과 같이 부드러운 곡선의 동양적인 눈썹으로 표현하시오.
바. 눈썹 뼈에 흰색으로 하이라이트를 주어 입체감 있는 눈매를 연출하시오,
사. 연분홍색 아이섀도를 이용하여 눈두덩을 그라데이션하시오,
아. 눈꼬리 부분과 언더라인을 마젠타컬러로 포인트를 주고 도면과 같이 상승형으로 표현하시오.
자. 아이라인은 검정색 아이라이너를 사용하여 도면과 같이 그리고 언더라인은 펜슬 또는 아이섀도로 마무리하시오.
차. 뷰러를 이용하여 자연 속눈썹을 컬링하시오.
카, 마스카라 후 검정색의 짙은 인조 속눈썹을 사용하여 끝부분이 처지지 않도록 상승형으로 붙이시오.
타, 치크는 핑크색으로 광대뼈를 감싸듯 화사하게 표현하시오.
파, 레드컬러의 립라이너를 이용하여 립 안쪽으로 그라데이션하고 핑크가 가미된 레드색의 립컬러로 블렌딩하시오,
하. 블랙펜슬 또는 블랙아이라이너를 이용하여 귀밑머리를 자연스럽게 그리시오,

2. 수험자 유의사항

1) 모델은 문신 (눈썹, 아이라인, 입술 등), 속눈썹 연장 및 메이크업이 되어 있지 않은 상태이어야 합니다.
2) 스파출라, 속눈썹 가위, 족집게, 눈썹칼 등의 도구류를 사용 전 소독제로 소독해야 합니다.
3) 메이크업 베이스, 파운데이션을 펴 바를 때 스펀지 퍼프 또는 브러시를 사용하시오.
4) 아이섀도, 치크, 립 등의 표현 시 브러시 등 적합한 도구를 사용하시오.
5) 화장품은 요구사항에 지정된 제형 외에는 타입에 상관없이 자유롭게 사용하시오.

3. 도면

자격종목	미용사 (메이크업)	과제명	캐릭터 메이크업 (한국무용)	척도	NS

국가기술자격 실기시험문제

자격종목	미용사 (메이크업)	과제명	캐릭터 메이크업 (발레)

비번호 :

※ 시험시간 : 50분

1. 요구사항 (3과제)

※ 지참재료 및 도구를 사용하여 아래의 요구사항에 따라 캐릭터 메이크업 (발레)을 시험 시간 내에 완성하시오.

가. 과제를 수행하기 전 수험자의 손 및 도구류를 소독한 후 제시된 도면을 참고하여 캐릭터 메이크업 (발레) 스타일을 연출하시오.
나. 모델의 피부톤에 적합한 메이크업베이스를 선택하여 얇고 고르게 펴 바르시오.
다. 모델의 피부톤에 맞춰 결점을 커버하고 파운데이션으로 깨끗하게 피부표현하시오.
라. 섀딩과 하이라이트로 윤곽 수정 후 핑크 파우더로 매트하게 마무리하시오.
마. 눈썹은 다크 브라운색으로 시작하여 블랙으로 자연스럽게 연결되도록 표현하며, 모델의 얼굴형을 고려하여 갈매기 형태로 그리시오.
바. 눈썹 뼈에 흰색으로 하이라이트를 주어 입체감 있는 눈매를 연출하시오,
사. 아이홀은 핑크와 퍼플컬러를 이용하여 그라데이션하고 홀의 안쪽은 흰색으로 채워 표현하시오.
아. 속눈썹 라인을 따라서 아쿠아 블루색으로 포인트를 주고 언더라인도 같은 색으로 눈과 일정한 간격을 두고 그린 후 흰색을 넣어 눈이 커 보이도록 표현하시오.
자. 검정색 아이라이너를 사용하여 도면과 같이 아이라인과 언더라인을 길게 그리시오.
차, 뷰러를 이용하여 자연 속눈썹을 컬링하시오.
카, 마스카라 후 검정색의 짙은 인조 속눈썹을 사용하여 끝부분이 처지지 않도록 상승형으로 붙이시오.
타, 치크는 핑크색으로 광대뼈를 감싸듯 화사하게 표현하시오.
파. 로즈컬러의 립라이너를 이용하여 립 안쪽으로 그라데이션하고 핑크색 립컬러로 블렌딩하시오,

2. 수험자 유의사항

1) 모델은 문신 (눈썹, 아이라인, 입술 등), 속눈썹 연장 및 메이크업이 되어 있지 않은 상태이어야 합니다.
2) 스파출라, 속눈썹 가위, 족집게, 눈썹칼 등의 도구류를 사용 전 소독제로 소독해야 합니다.
3) 메이크업 베이스, 파운데이션을 펴 바를 때 스펀지 퍼프 또는 브러시를 사용하시오.
4) 아이섀도, 치크, 립 등의 표현 시 브러시 등 적합한 도구를 사용하시오.
5) 화장품은 요구사항에 지정된 제형 외에는 타입에 상관없이 자유롭게 사용하시오.

3. 도면

자격종목	미용사 (메이크업)	과제명	캐릭터 메이크업 (발레)	척도	NS

국가기술자격 실기시험문제

자격종목	미용사 (메이크업)	과제명	캐릭터 메이크업 (노인)

비번호 :

※ 시험시간 : 50분

1. 요구사항 (3과제)

※ 지참재료 및 도구를 사용하여 아래의 요구사항에 따라 캐릭터 메이크업 (노인)을 시험 시간 내에 완성하시오.

가. 과제를 수행하기 전 수험자의 손 및 도구류를 소독한 후 제시된 도면을 참고하여 캐릭터 메이크업 (노인) 스타일을 연출하시오.

나. 모델의 피부 타입에 맞는 메이크업베이스를 바르시오.

다. 모델의 피부톤보다 한톤 어둡게 파운데이션으로 피부 표현하시오.

라. 섀딩 컬러로 얼굴의 굴곡부분을 자연스럽게 표현하시오.

마. 하이라이트 컬러를 이용하여 돌출부분을 도면과 같이 표현하시오.

바. 갈색 펜슬을 이용하여 얼굴의 주름(이마, 눈가장자리와 눈 밑 부위, 미간과 코 부위, 볼 부위, 팔자주름, 입술과 구각 주름)을 그리고 음영을 표현하여 자연스럽게 그라데이션 하시오.

사. 파우더로 매트하게 마무리하시오.

아. 눈썹은 강하지 않게 회갈색을 이용하여 표현하시오.

자. 입술은 모델의 입모양을 오므려 발라 자연스러운 주름을 표현하시오.

차. 립컬러는 내추럴 베이지를 이용하여 입술 안쪽부터 그라데이션하여 바르시오.

2. 수험자 유의사항

1) 모델은 문신 (눈썹, 아이라인, 입술 등), 속눈썹 연장 및 메이크업이 되어 있지 않은 상태이어야 합니다.
2) 스파출라, 속눈썹 가위, 족집게, 눈썹칼 등의 도구류를 사용 전 소독제로 소독해야 합니다.
3) 메이크업 베이스, 파운데이션을 펴 바를 때 스펀지 퍼프 또는 브러시를 사용하시오.
4) 아이섀도, 치크, 립 등의 표현 시 브러시 등 적합한 도구를 사용하시오.
5) 화장품은 요구사항에 지정된 제형 외에는 타입에 상관없이 자유롭게 사용하시오.

3. 도면

자격종목	미용사 (메이크업)	과제명	캐릭터 메이크업 (노역)	척도	NS

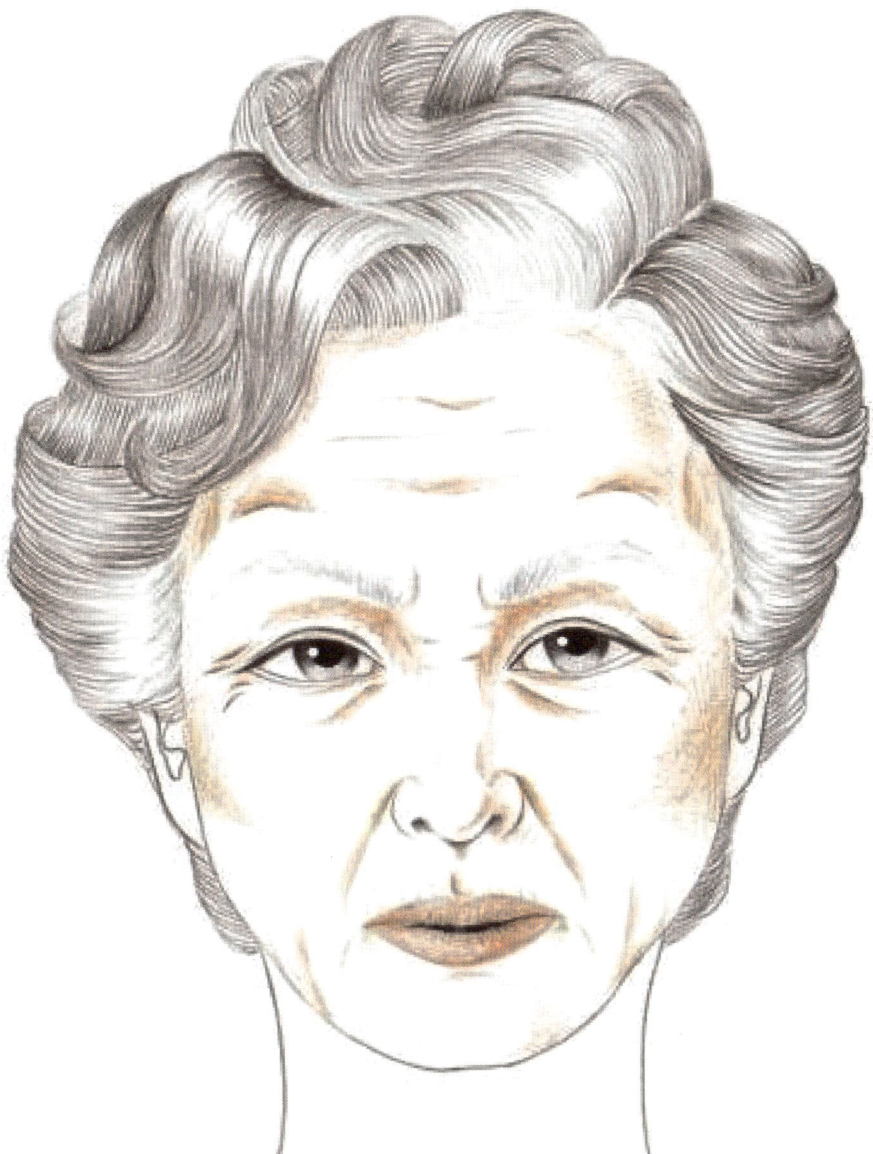

국가기술자격 실기시험문제

자격종목	미용사 (메이크업)	과제명	속눈썹 익스텐션 (왼쪽)

비번호 :

※ 시험시간 : 25분

1. 요구사항 (4과제)

※ 지참재료 및 도구를 사용하여 아래의 요구사항에 따라 속눈썹 연장술을 시험 시간 내에 완성하시오.

가. 5~6mm의 인조 속눈썹이 부착된 마네킹을 준비하시오,

나. 과제를 수행하기 전 수험자의 손 및 도구류와 마네킹의 작업부위를 소독한 후 적절한 위치에 아이패치를 부착하시오,

다. 일회용 도구를 사용하여 전처리제를 균일하게 도포하시오.

라. 연장하는 속눈썹은 J컬 타입으로 길이 8, 9, 10, 11, 12mm, 두께 0.15mm의 싱글모를 사용하시오.

마, 제시된 도면과 같이 전체적으로 중앙이 길어 보이는 라운드형 (부채꼴 디자인)의 속눈썹 익스텐션 (왼쪽)을 완성하시오.

바. 마네킹에 부착된 속눈썹 한 개당 하나의 속눈썹 (J컬)만 연장하시오.

사. 5가지 길이 (8, 9, 10, 11, 12mm)의 속눈썹 (J컬)을 모두 사용하여 자연스러운 디자인이 되도록 완성하시오.

아. 모근에서 1mm~1,5mm를 반드시 떨어뜨려 부착하시오,

자. 왼쪽 인조 속눈썹에 최소 40가닥 이상의 속눈썹 (U컬)을 연장하시오 (단, 눈 앞머리 부분의 속눈썹 2~3가닥은 연장하지 마시오).

2. 수험자 유의사항

1) 마네킹은 속눈썹 연장이 되어 있지 않은 인조 속눈썹만 부착되어 있는 상태이어야 합니다.
2) 핀셋 등의 도구류를 사용 전 소독제로 소독해야 합니다.
3) 전처리제가 눈에 들어가지 않도록 나무 스파출라를 속눈썹 아래에 받쳐서 작업하시오,
4) 속눈썹 연장용 아이패치 이외의 테이프류 및 인증이 되지 않은 글루는 사용할 수 없습니다.
5) 마네킹의 왼쪽 인조 속눈썹에만 작업하시오.

3. 도면

자격종목	미용사 (메이크업)	과제명	속눈썹 익스텐션 (왼쪽)	척도	NS

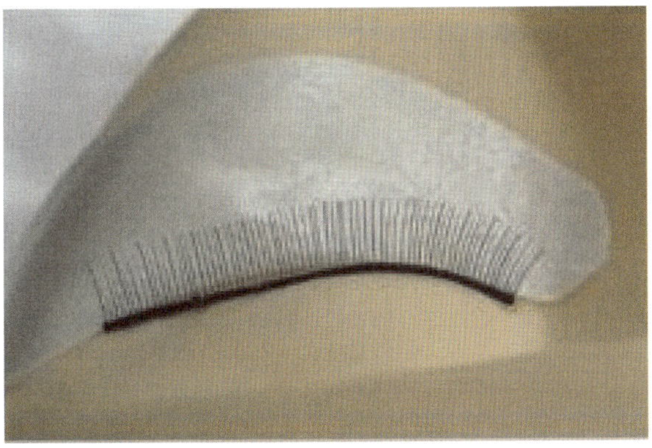	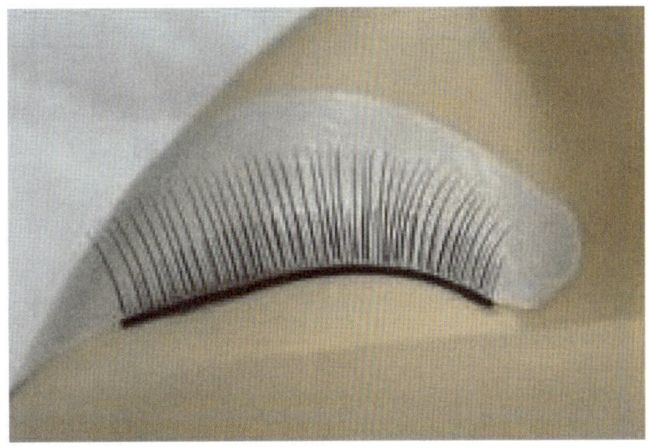
시험 시작 전 마네킹 준비상태	완성상태 (왼쪽)

국가기술자격 실기시험문제

자격종목	미용사 (메이크업)	과제명	속눈썹 익스텐션 (오른쪽)

비번호 :

※ 시험시간 : 25분

1. 요구사항 (4과제)

※ 지참재료 및 도구를 사용하여 아래의 요구사항에 따라 속눈썹 연장술을 시험 시간 내에 완성하시오.

가. 5~6mm의 인조 속눈썹이 부착된 마네킹을 준비하시오,

나. 과제를 수행하기 전 수험자의 손 및 도구류와 마네킹의 작업부위를 소독한 후 적절한 위치에 아이패치를 부착하시오,

다. 일회용 도구를 사용하여 전처리제를 균일하게 도포하시오.

라. 연장하는 속눈썹은 J컬 타입으로 길이 8, 9, 10, 11, 12mm, 두께 0.15mm의 싱글모를 사용하시오.

마, 제시된 도면과 같이 전체적으로 중앙이 길어 보이는 라운드형 (부채꼴 디자인)의 속눈썹 익스텐션 (오른쪽)을 완성하시오.

바. 마네킹에 부착된 속눈썹 한 개당 하나의 속눈썹 (J컬)만 연장하시오.

사. 5가지 길이 (8, 9, 10, 11, 12mm)의 속눈썹 (J컬)을 모두 사용하여 자연스러운 디자인이 되도록 완성하시오.

아. 모근에서 1mm~1,5mm를 반드시 떨어뜨려 부착하시오,

자. 왼쪽 인조 속눈썹에 최소 40가닥 이상의 속눈썹 (U컬)을 연장하시오 (단, 눈 앞머리 부분의 속눈썹 2~3가닥은 연장하지 마시오).

2. 수험자 유의사항

1) 마네킹은 속눈썹 연장이 되어 있지 않은 인조 속눈썹만 부착되어 있는 상태이어야 합니다.
2) 핀셋 등의 도구류를 사용 전 소독제로 소독해야 합니다.
3) 전처리제가 눈에 들어가지 않도록 나무 스파츌라를 속눈썹 아래에 받쳐서 작업하시오,
4) 속눈썹 연장용 아이패치 이외의 테이프류 및 인증이 되지 않은 글루는 사용할 수 없습니다.
5) 마네킹의 오른쪽 인조 속눈썹에만 작업하시오.

3. 도면

자격종목	미용사 (메이크업)	과제명	속눈썹 익스텐션 (오른쪽)	척도	NS

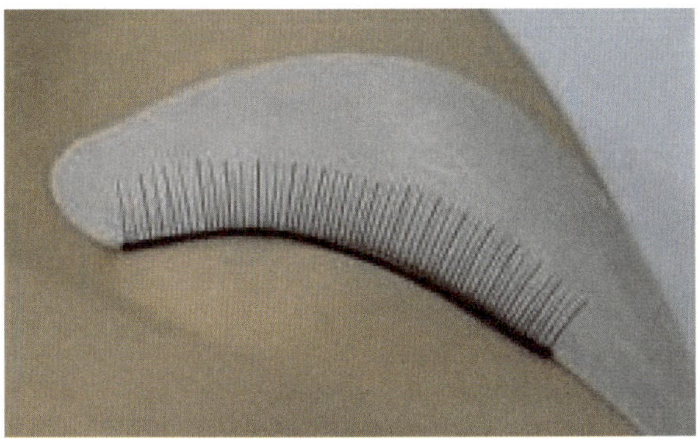	
시험 시작 전 마네킹 준비상태	완성상태 (오른쪽)

국가기술자격 실기시험문제

자격종목	미용사 (메이크업)	과제명	미디어 수염

비번호 :

※ 시험시간 : 25분

1. 요구사항 (4과제)

※ 지참재료 및 도구를 사용하여 아래의 요구사항에 따라 미디어 수염을 시험 시간 내에 완성하시오.

가. 제시된 도면을 참고하여 현대적인 남성스타일을 연출하시오,
(단, 완성된 수염의 길이는 마네킹의 턱 밑 1cm~1.5cm 정도로 작업한다.)

나. 과제를 수행하기 전 수험자의 손 및 도구류와 마네킹의 작업부위를 소독하시오.

다. 수염접착제 (스프리트 검)를 균일하게 도포하여 마네킹의 좌우 균형, 위치, 형태를 주의하면서 사전에 가공된 상태 (1.5~2cm)의 수염을 붙이시오.

라. 수염의 양과 길이 및 형태는 도면과 같이 완성하시오.

마. 빗과 핀셋으로 붙인 수염을 다듬은 후 고정 스프레이와 라텍스 등을 이용하여 스타일링하시오.

2. 수험자 유의사항

1) 마네킹에는 지정된 재료 및 도구 이외에는 사용할 수 없습니다.
2) 수염은 사전에 가공된 상태 (1.5~2cm)로 준비해야 합니다.
3) 핀셋, 가위 등의 도구류를 사용 전 소독제로 소독해야 합니다,

3. 도면

자격종목	미용사 (메이크업)	과제명	미디어 수염	척도	NS

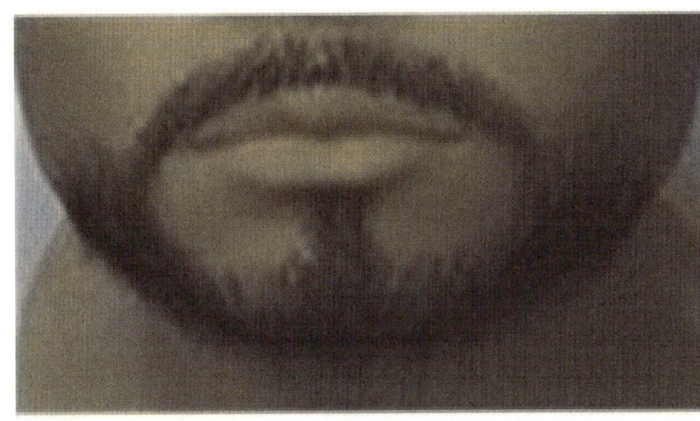

완성상태

1. 뷰티메이크업 (로맨틱)

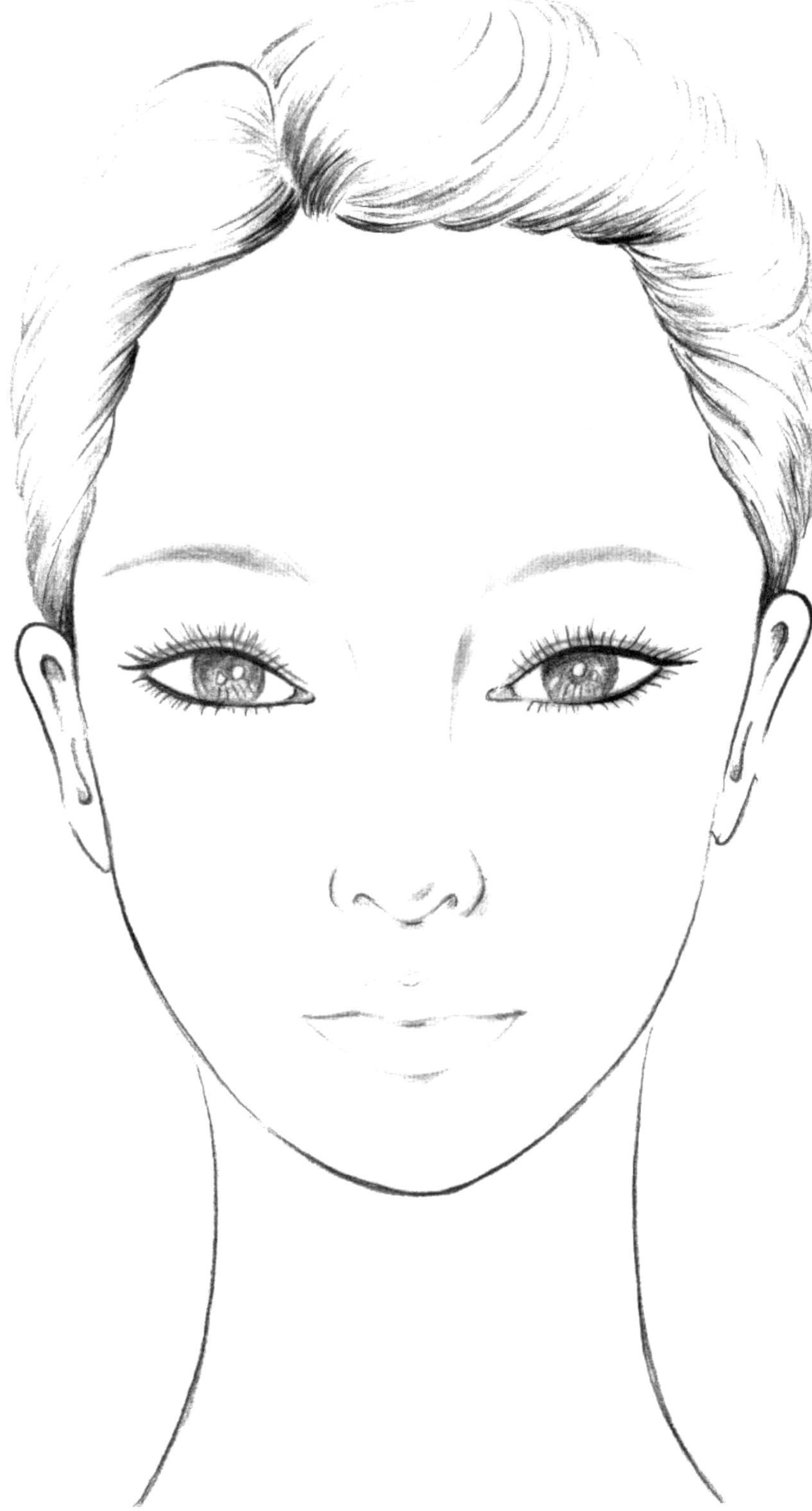

눈 썹	흑갈색으로 눈썹산 각지지 않게 둥근 느낌
아이섀도우	펄 약간 가미된 연핑크로 눈두덩이와 언더라인 전체 연보라로 아이라인 주변 짙게하고 눈두덩이 위로 자연스러운 그라데이션
치 크	핑크색으로 애플존 위치에 둥근 느낌
립	핑크색으로 안쪽을 짙게하고 바깥으로 그라데이션 후 립글로즈 마무리

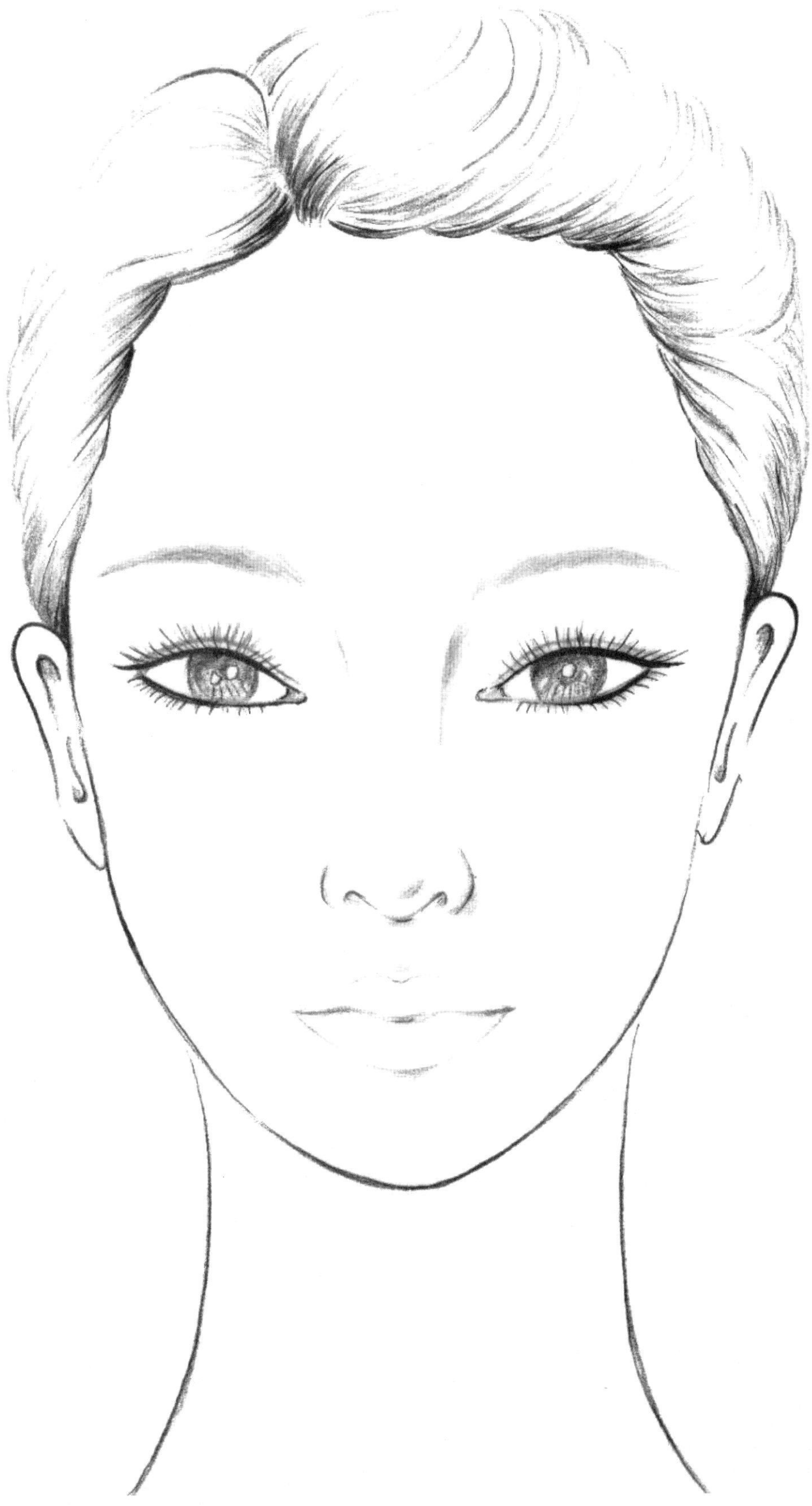

1. 뷰티메이크업 (로맨틱) **※ 특징 (흑갈색으로 눈썹산 각지지 않게 둥근 느낌) ※**

1. 뷰티메이크업 (로맨틱) ※ 아이섀도우 ※

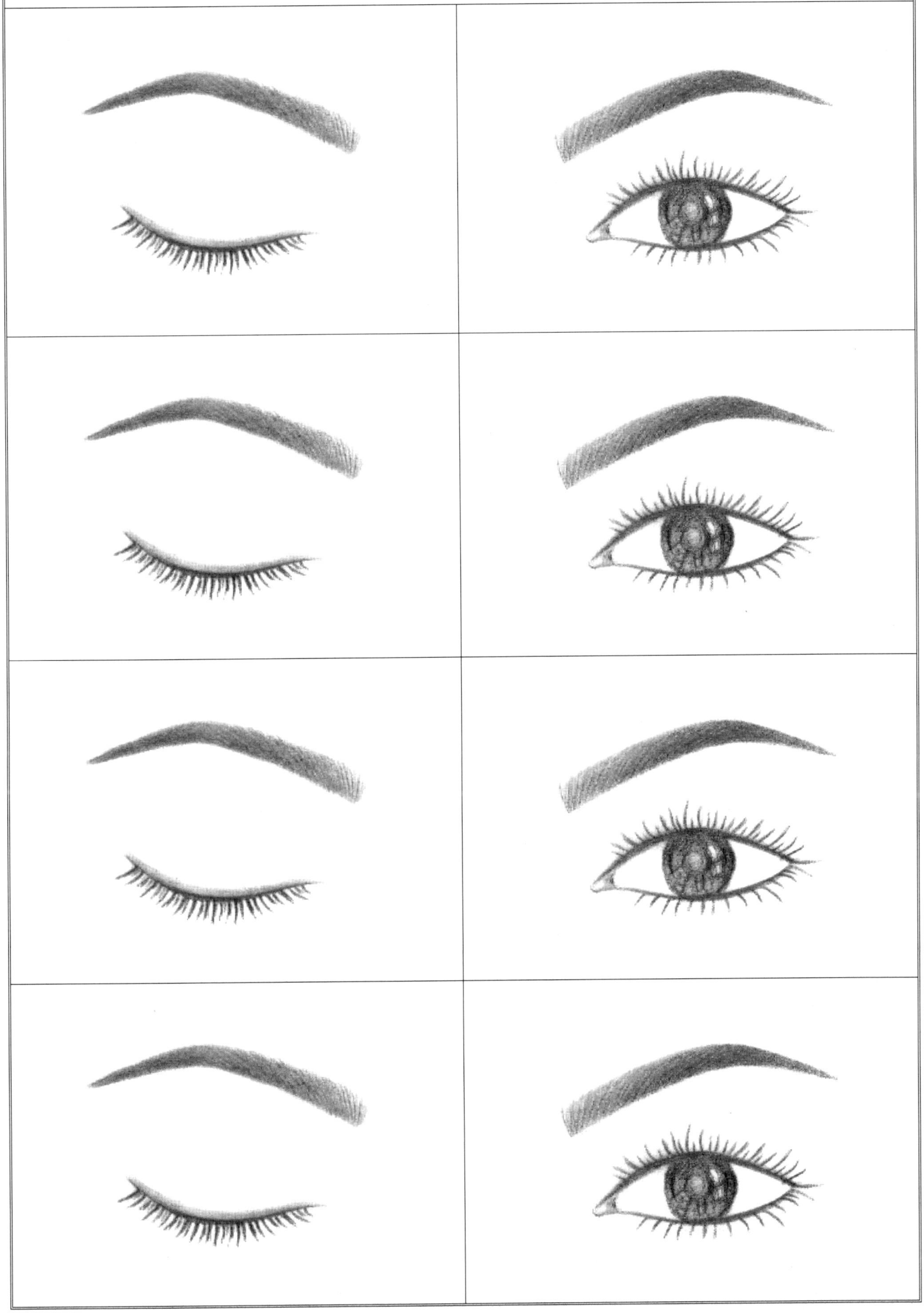

1. 뷰티메이크업 (로맨틱)

※ 입 술 ※

2. 뷰티메이크업 (클래식)

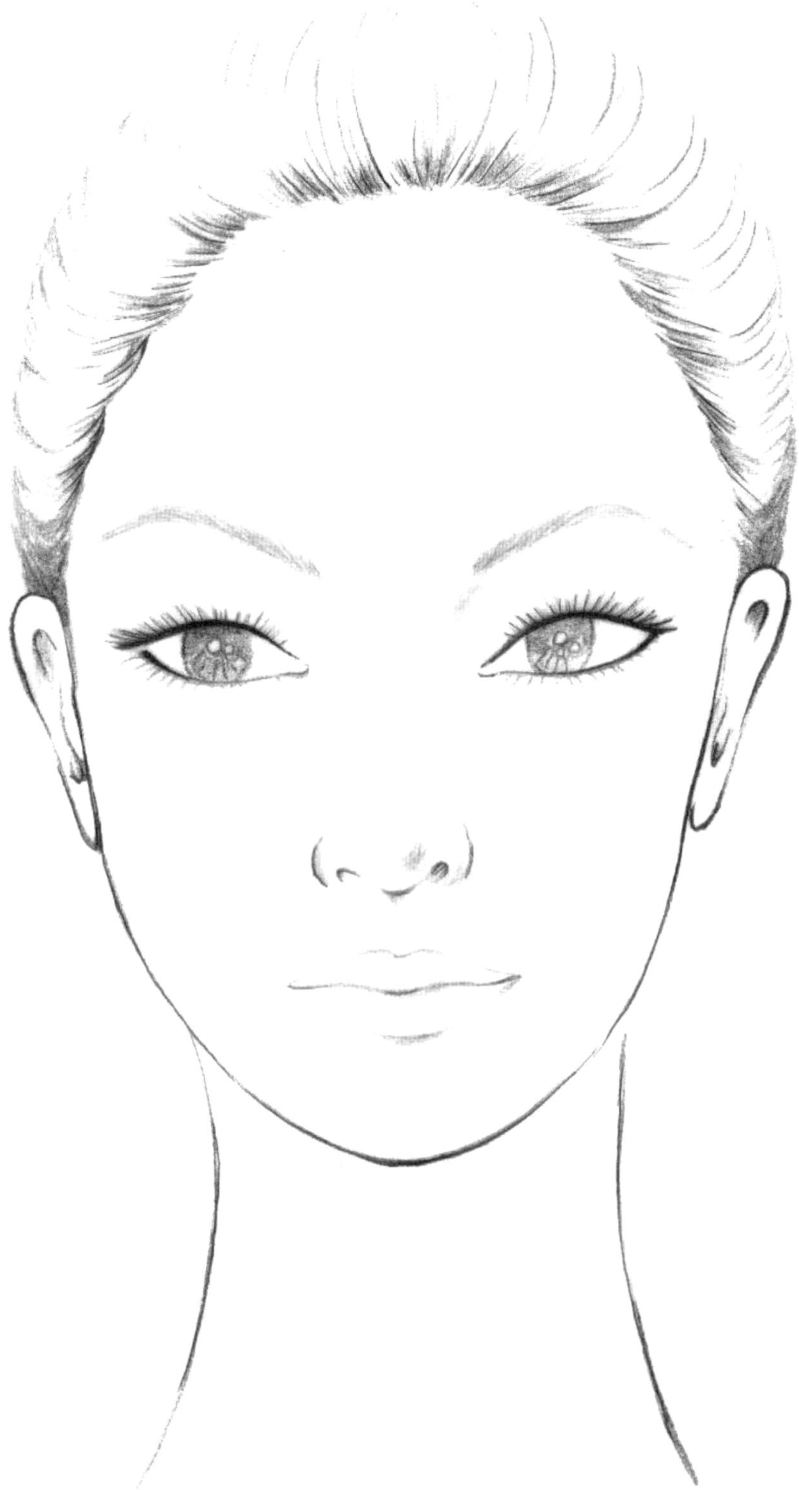

눈 썹	흑갈색으로 눈썹 산이 약간 각지도록
아이섀도우	피치색으로 눈두덩이 바른 후 브라운색으로 속눈썹 라인에 깊이감
치 크	피치색으로 광대뼈 바깥에서 안쪽으로 블렌딩
립	베이지 핑크색으로 입술라인 선명하게

2. 뷰티메이크업 (클래식)	※ 특징 (흑갈색으로 눈썹산 각지지않게 둥근 느낌) ※

2. 뷰티메이크업 (클래식) ※ 아이섀도우 ※

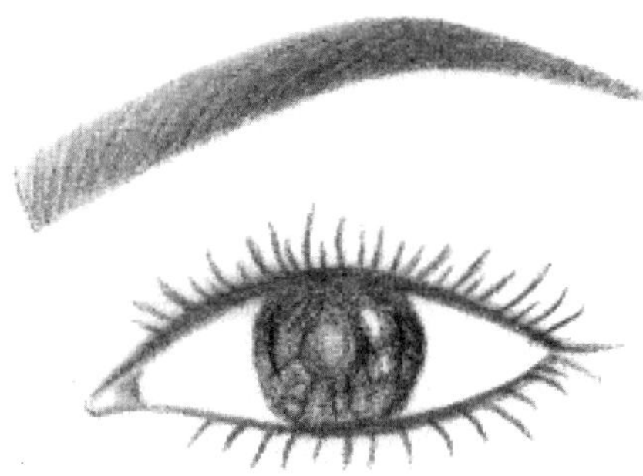

2. 뷰티메이크업 (클래식)	※ 입 술 ※

3. 뷰티메이크업 (한복)

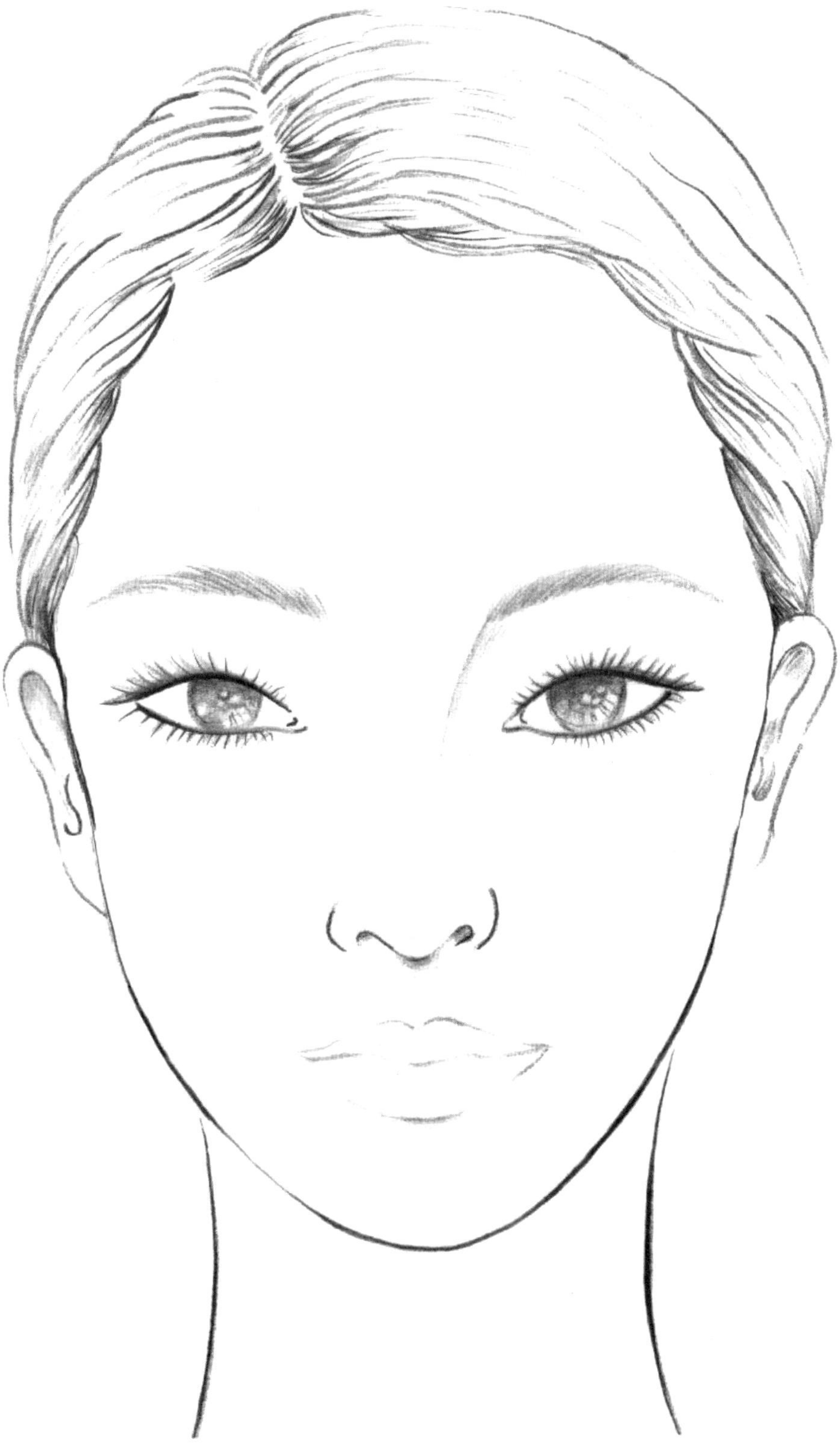

눈 썹	모델눈썹에 맞춰 자연스러운 브라운컬러
아이섀도우	펄이 약간 가미된 피치색으로 눈두덩이, 언더 전체 브라운색 아이섀도로 아이라인 주변 짙게하고 눈두덩이 위로 그라데이션
치 크	오렌지 계열로 광대뼈 위쪽에 안에서 바깥으로 블렌딩
립	오렌지 레드색으로 입술라인 선명하게

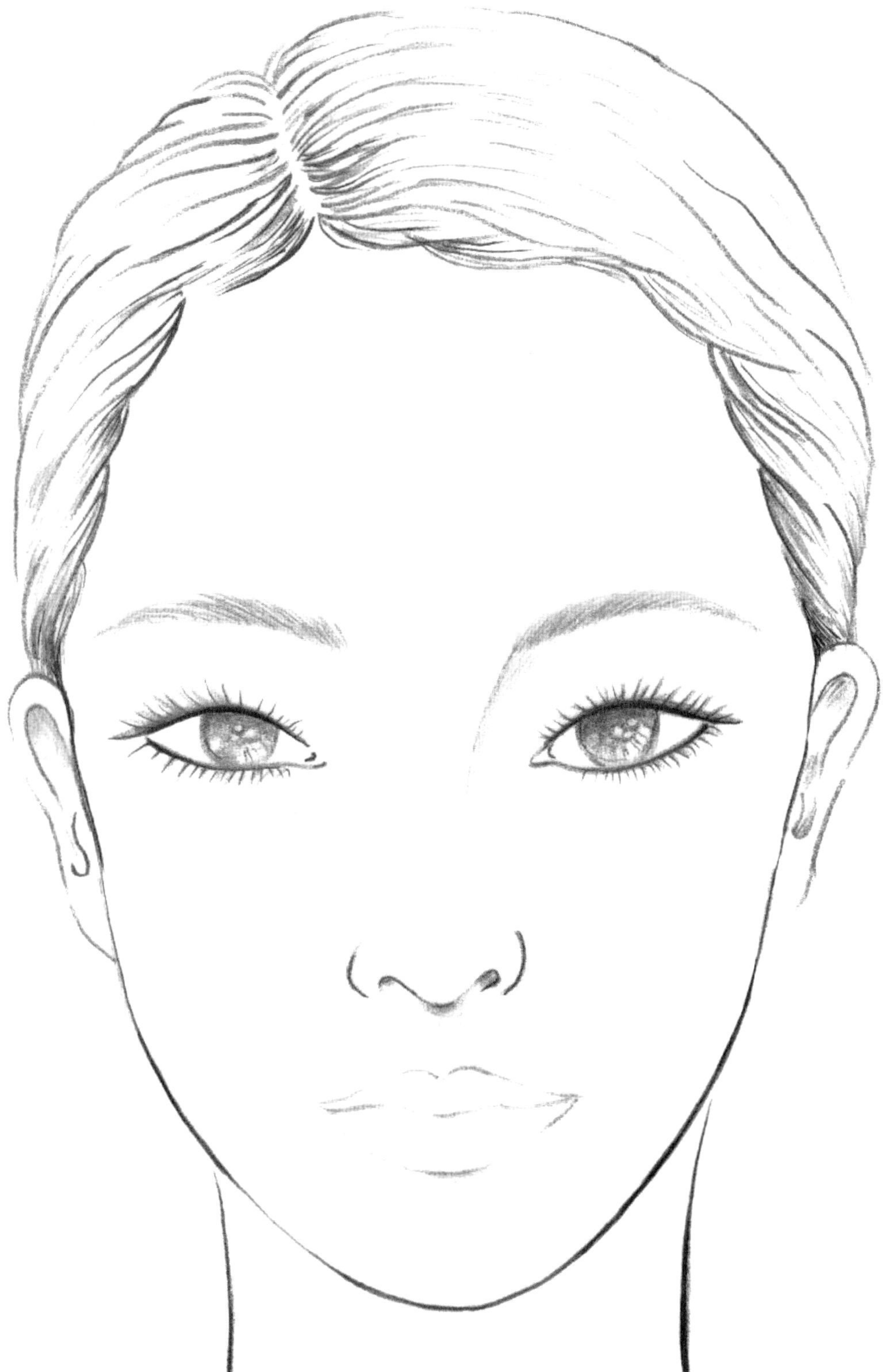

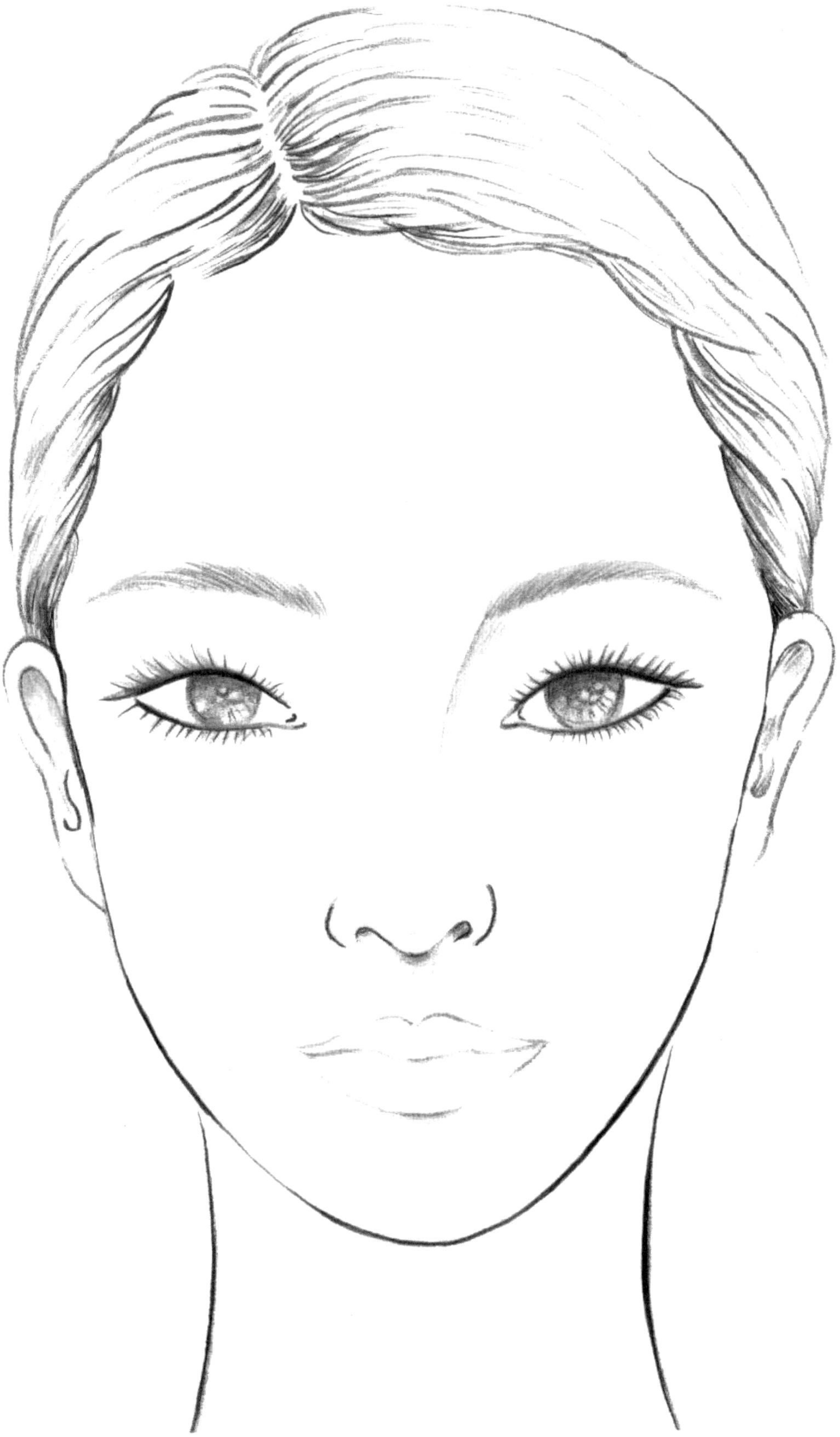

3. 뷰티메이크업 (한복)	※ 특징 (모델눈썹에 맞춰 자연스러운 브라운컬러) ※

3. 뷰티메이크업 (한복) ※ 아이섀도우 ※

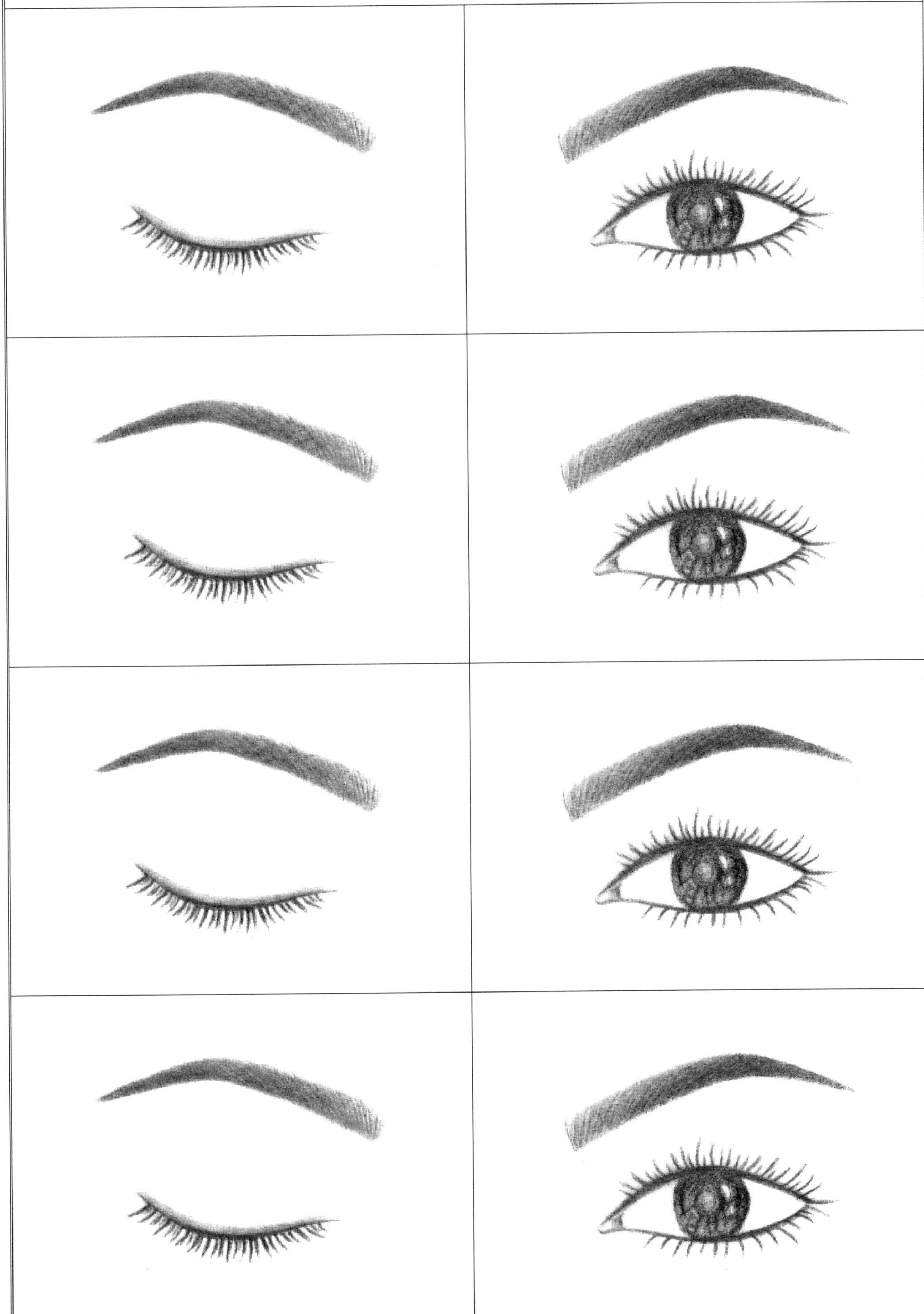

3. 뷰티메이크업 (한복)

※ 입 술 ※

4. 뷰티메이크업 (내츄럴)

눈 썹	모델의 눈썹 결을 최대한 살려 자연스럽게
아이섀도우	펄이 없는 베이지색으로 눈두덩이와 언더라인 전체 브라운색 아이섀도로 아이라인 주변 짙게하고 눈두덩이 위로 그라데이션
치 크	피치컬러로 광대뼈 안쪽에서 바깥으로 블렌딩
립	베이지핑크색으로 자연스럽게

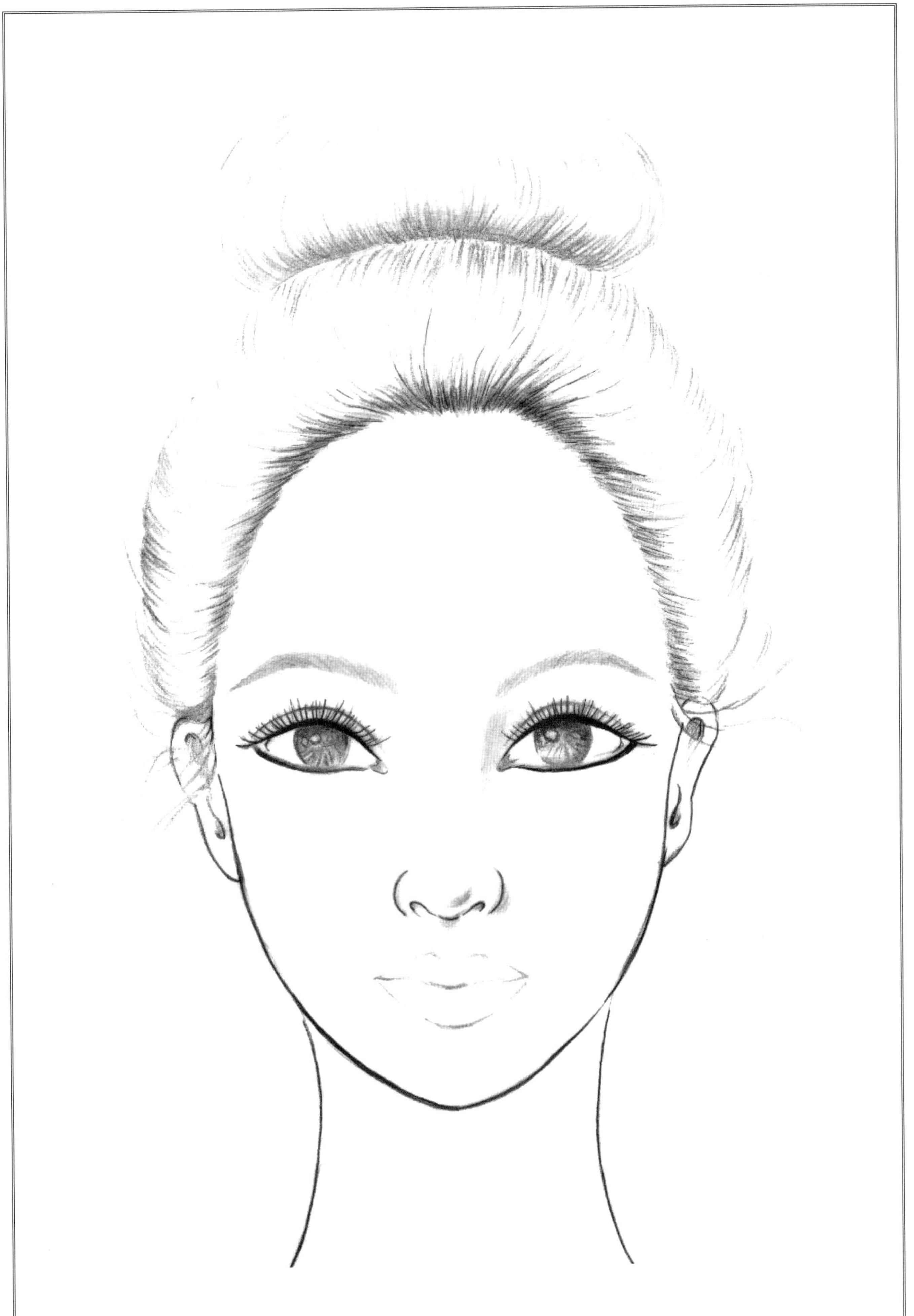

4. 뷰티메이크업 (내츄럴) ※ 특징 (모델의 눈썹 결을 최대한 살려 자연스럽게) ※

4. 뷰티메이크업 (내추럴)

※ 아이섀도우 ※

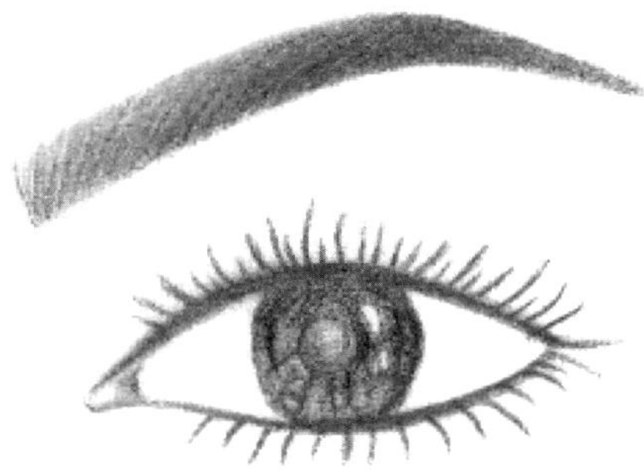

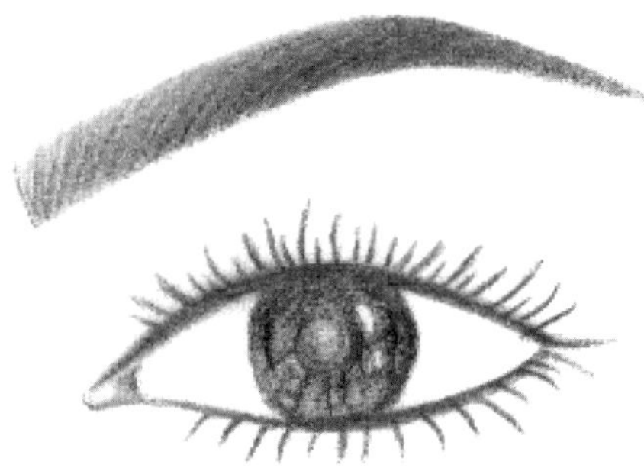

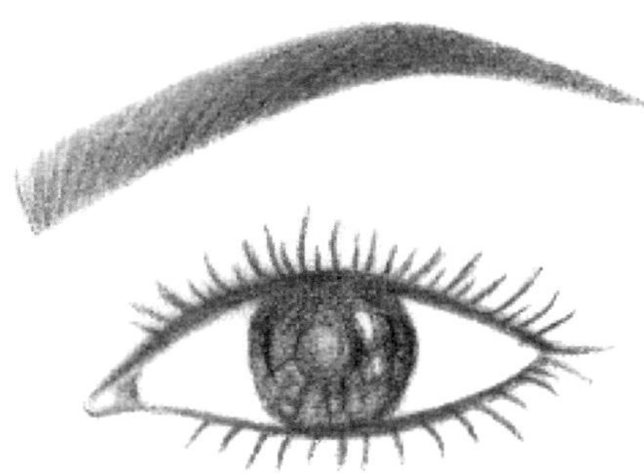

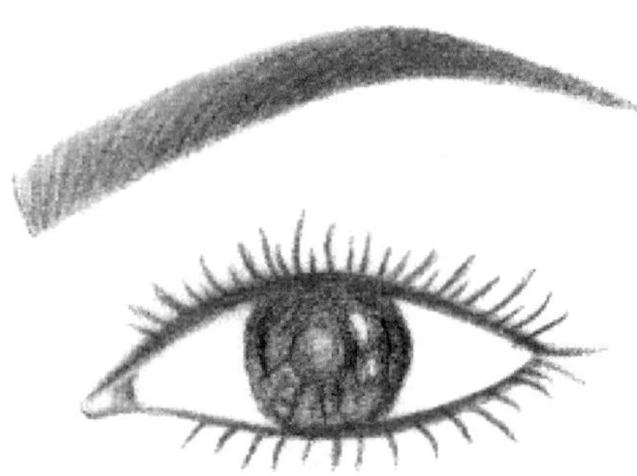

4. 뷰티메이크업 (내츄럴) ※ 입 술 ※

5. 시대메이크업 (그레타 가르보)

눈 썹	완벽하게 커버하고 아치형으로 개성이 돋보이게
아이섀도우	눈두덩이에 펄이 없는 갈색계열 컬러로 아이홀 그리고 그라데이션
치 크	브라운색으로 광대뼈 아래 강하게 표현, 얼굴 전체를 핑크톤으로 가볍게 쓸기
립	적당한 유분기가진 레드브라운으로 인커브 형태

5. 시대메이크업 (그래타 가르보)　　※ 특징 (완벽하게 커버하고 아치형으로 개성이 돋보이게) ※

5. 시대메이크업 (그래타 가르보)

※ 아이섀도우 ※

	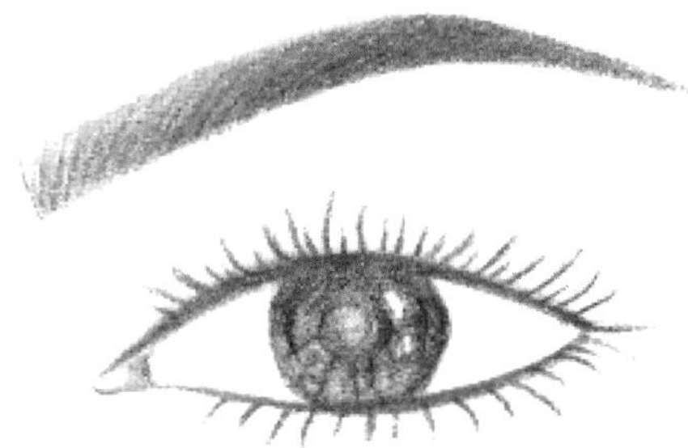

	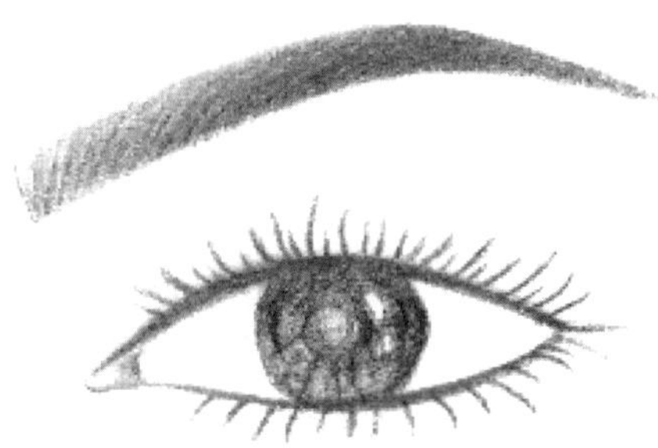
	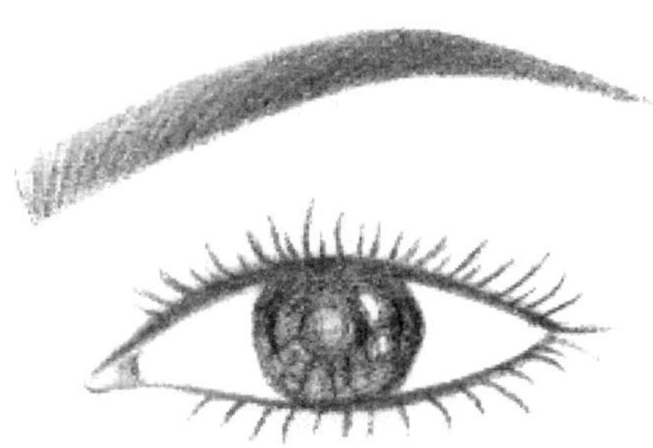

5. 시대메이크업 (그래타 가르보) ※ 입 술 ※

6. 시대메이크업 (마릴린 먼로)

눈 썹	브라운 색으로 양미간이 좁지않은 각진 눈썹
아이섀도우	눈두덩이 중심으로 핑크와 베이지계열로 아이홀표현하고 그라데이션 아이홀 안 쪽 눈꺼풀 화이트로 입체감,언더에는 베이지계열 섀도
치 크	핑크톤으로 광대뼈보다 아래쪽에서 구각향해 사선으로
립	적당한 유분기가진 레드립컬러를 아웃커브 형태로

6. 시대메이크업 (마릴린 먼로)

※ 특징 (브라운 색으로 양미간이 좁지 않은 각진 눈썹) ※

6. 시대메이크업 (마릴린 먼로)

※ 아이섀도우 ※

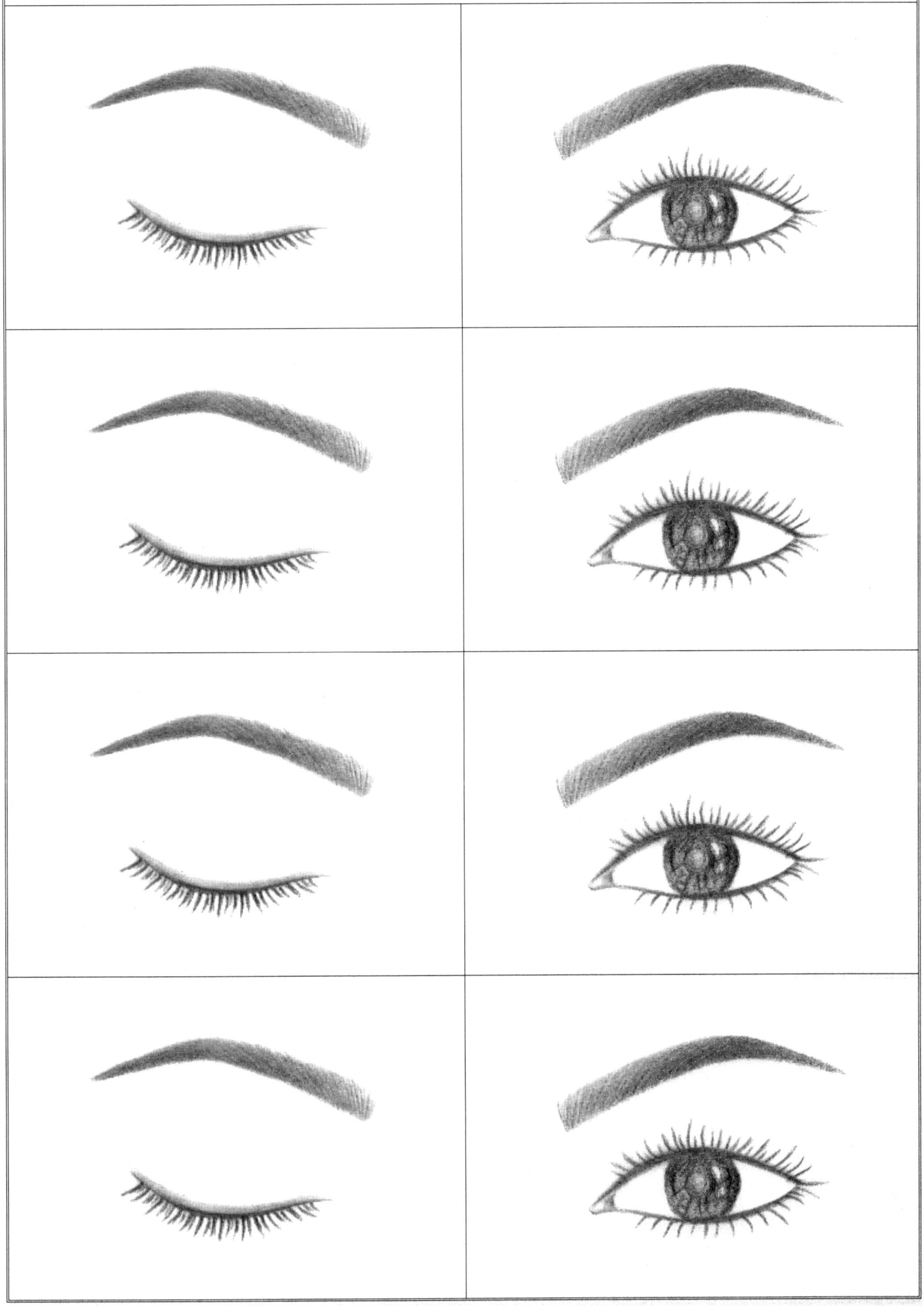

6. 시대메이크업 (마릴린 먼로) ※ 입 술 ※

7. 시대메이크업 (트위기)

눈 썹	자연스러운 브라운 컬러로 눈썹산 강조
아이섀도우	화이트 베이스 컬러와 핑크, 네이비, 그레이, 어두운 청색 등을 사용해 인위적인 쌍커풀 라인 표현
치 크	핑크 및 라이트브라운색으로 애플존 위치에 둥근 느낌
립	베이직핑크색의 컬러를 자연스럽게

7. 시대메이크업 (트위기) ※ 특징 (자연스러운 브라운 컬러로 눈썹산 강조) ※

7. 시대메이크업 (트위기)

※ 아이섀도우 ※

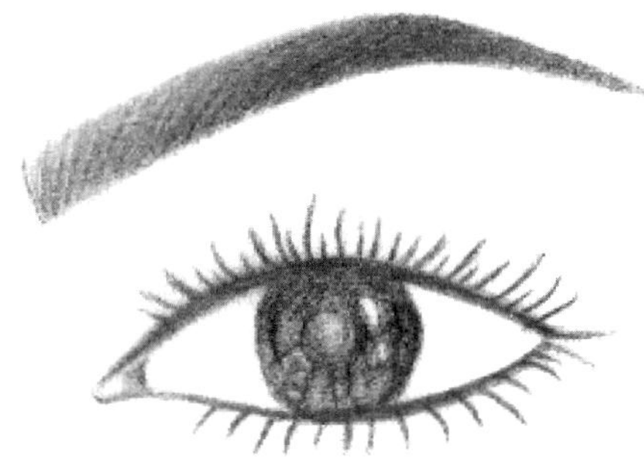

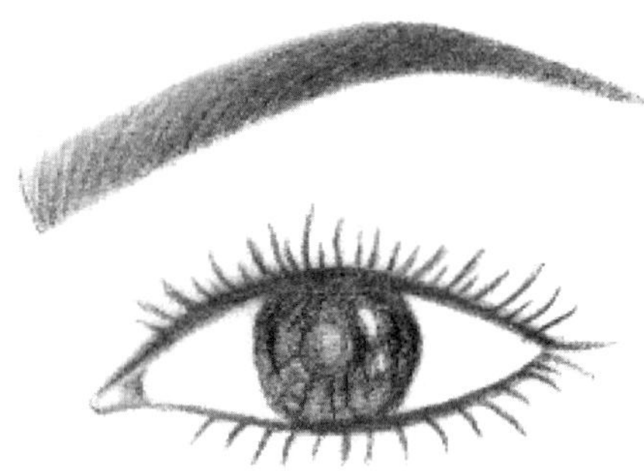

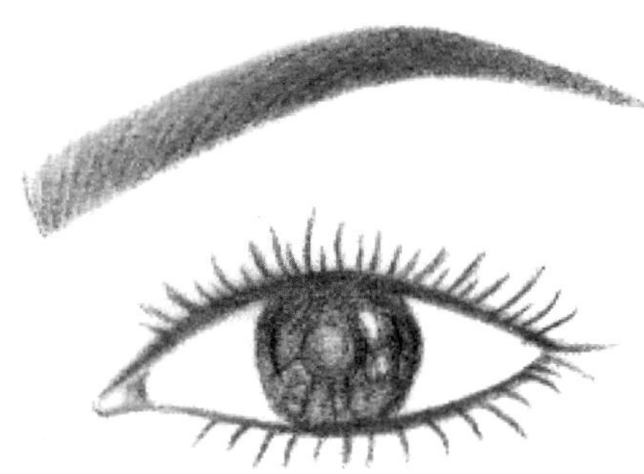

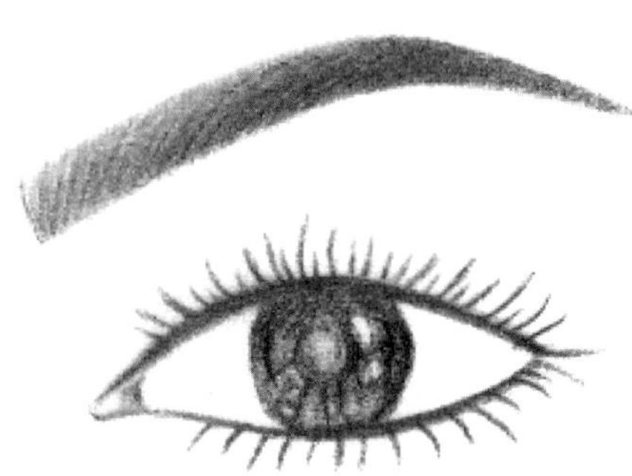

7. 시대메이크업 (트위기) ※ 입 술 ※

8. 시대메이크업 (펑크)

눈 썹	눈썹 결을 강조 짙고 강하게
아이섀도우	화이트, 베이지, 그레이, 블랙 등의 컬러를 이용 아이홀을 강하게
치 크	레드브라운색으로 얼굴 앞쪽을 향해 사선으로 선을 그리듯 강하게
립	검붉은색으로 펴 바르고 입술라인 선명하게

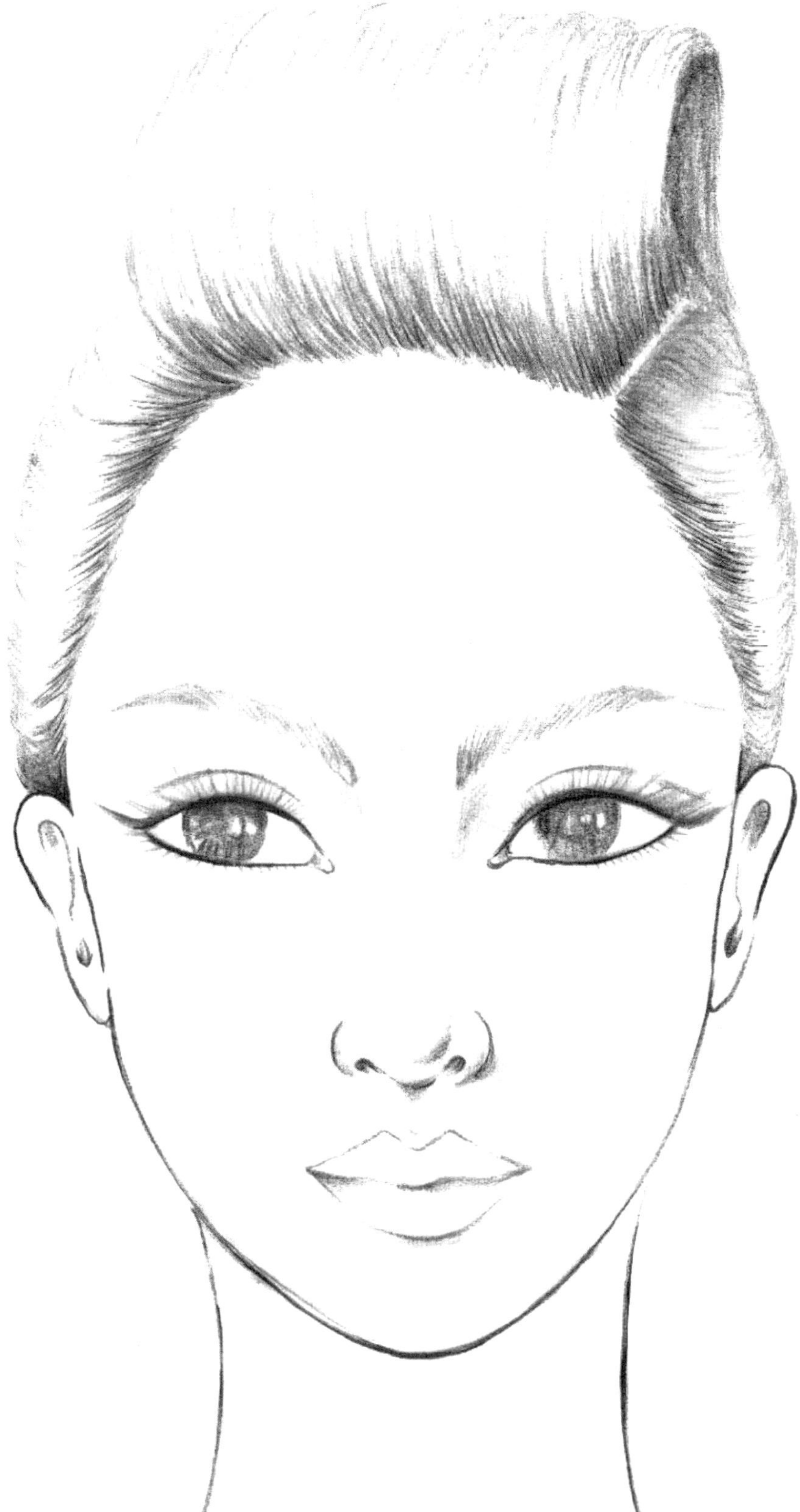

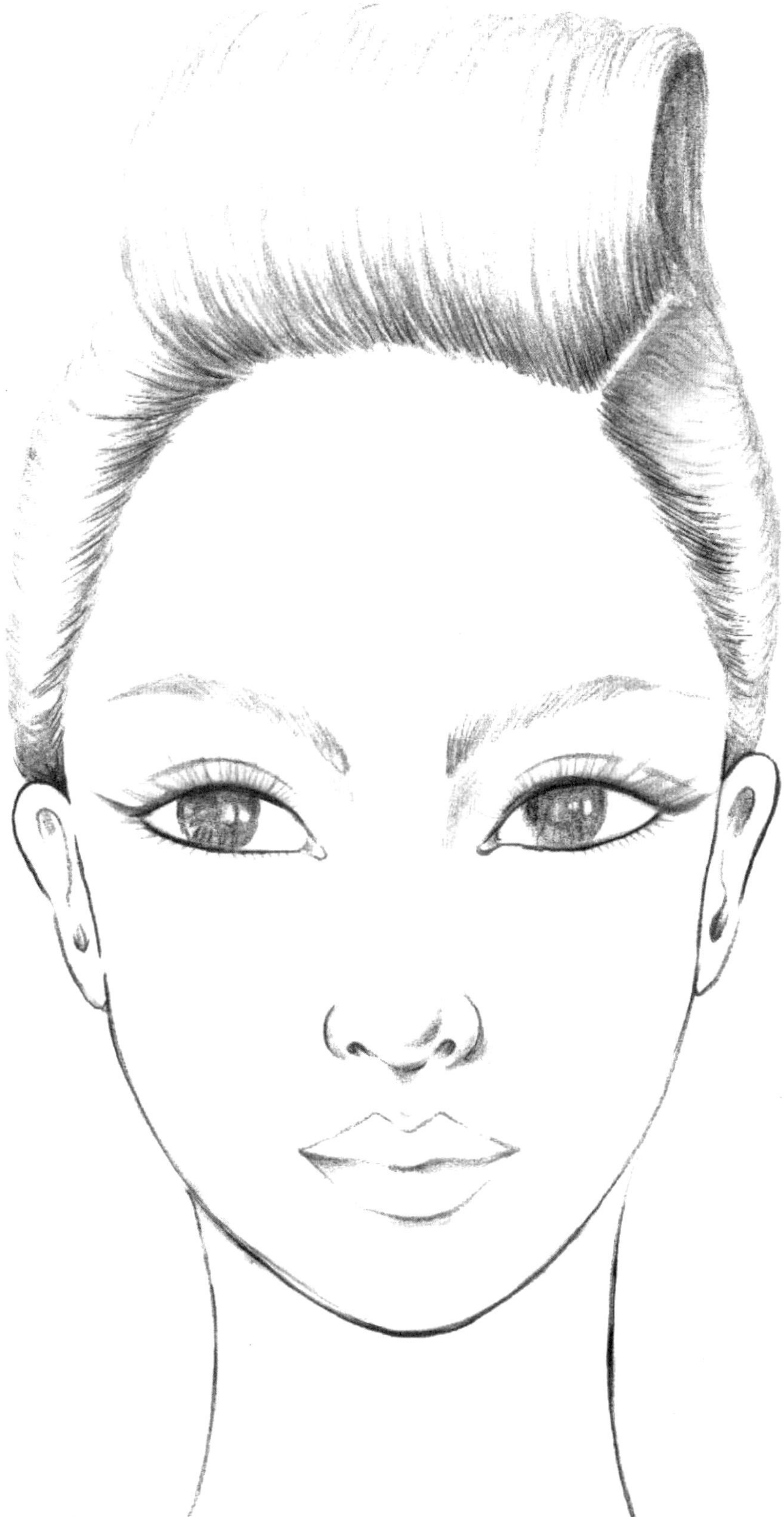

8. 시대메이크업 (펑크)

※ 특징 (눈썹 결을 강조 짙고 강하게) ※

8. 시대메이크업 (펑크)　　※ 아이섀도우 ※

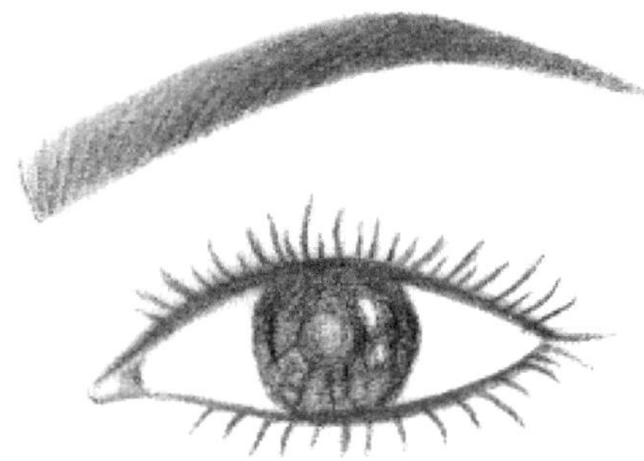

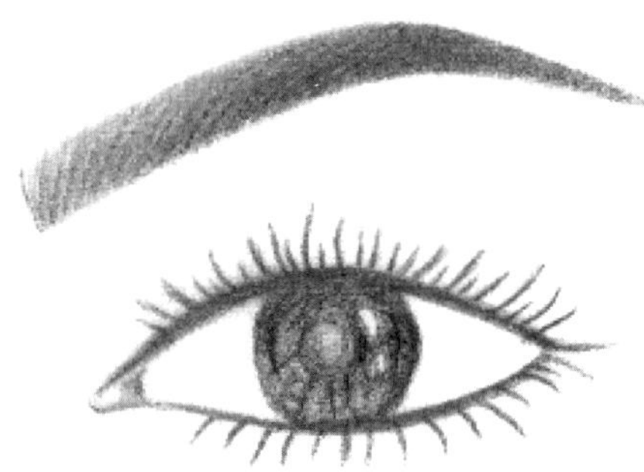

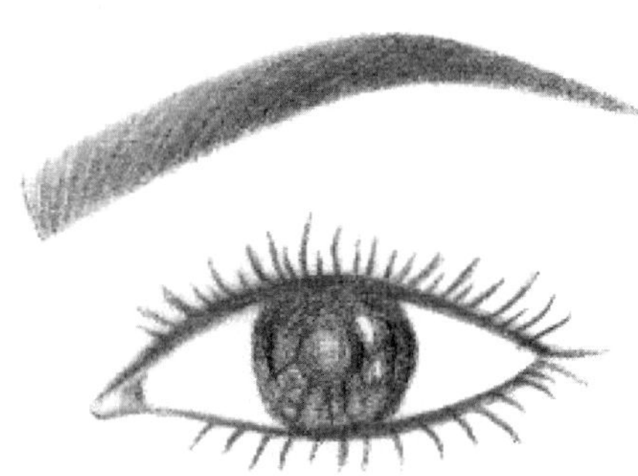

8. 시대메이크업 (핑크) ※ 입 술 ※

9. 캐릭터 메이크업 (레오파드)

호피 무늬	아쿠아 컬러나 아이라이너를 사용하여 표현
아이섀도우	옐로우, 오렌지, 브라운색의 아쿠아 컬러나 아이섀도 등을 사용해 조화롭게 그라데이션
치 크	
립	버건디 레드로 구각을 강조한 인커브 형태로

※4쪽 컬러 원색 참고

9. 캐릭터 메이크업 (레오파드)	※ 특징 (호피무늬) ※
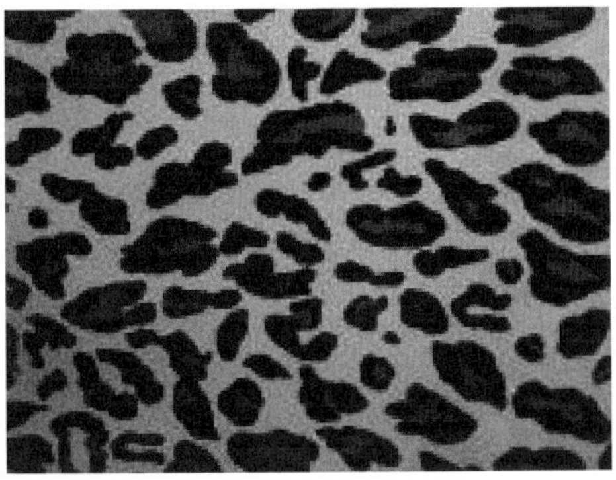	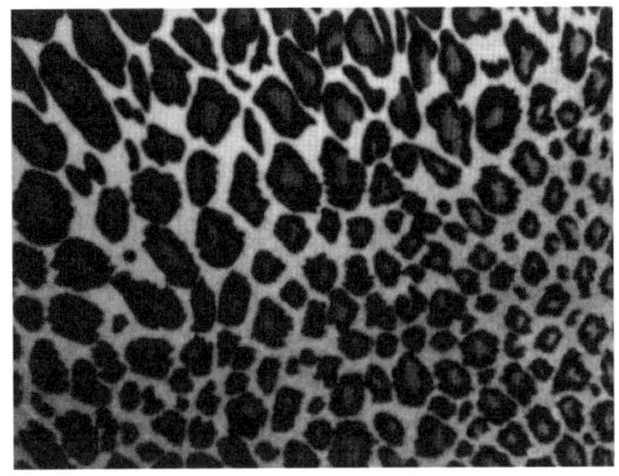

9. 캐릭터 메이크업 (레오파드) | **※ 아이섀도우 ※**

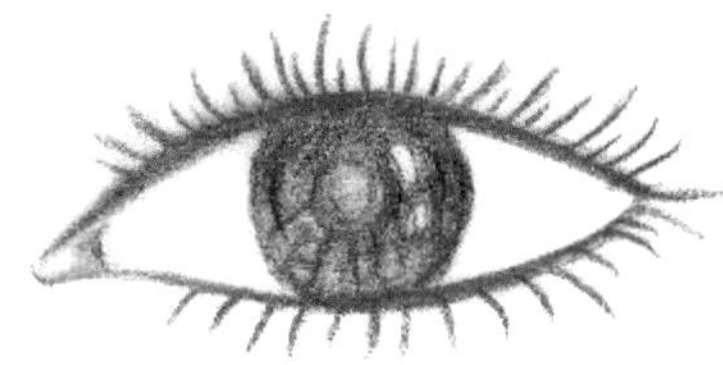

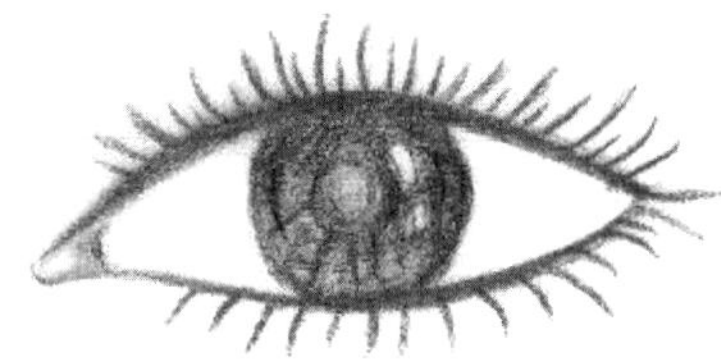

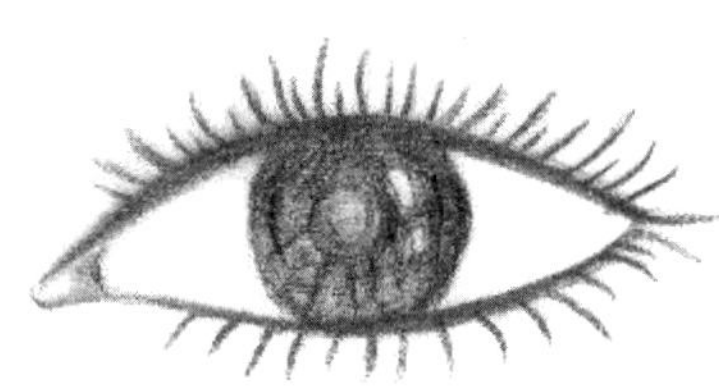

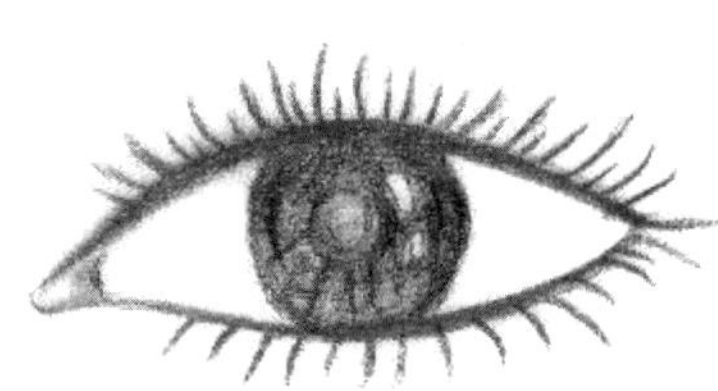

9. 캐릭터 메이크업 (레오파드) ※ 입 술 ※

10. 캐릭터 메이크업 (한국무용)

눈 썹	브라운색으로 시작 검정색으로 자연스럽게 연결하여 부드러운 곡선의 동양적인 눈썹
아이섀도우	연분홍색으로 눈두덩이 그라데이션
치 크	핑크색으로 광대뼈 감싸듯 화사하게
립	레드컬러 립라이너로 안쪽으로 그라데이션 핑크가 가미된 레드색으로 블렌딩

10. 캐릭터 메이크업 (한국무용)	※ 특징 (브라운색으로 시작 검정색으로 자연스럽게 연결하여 부드러운 곡선의 동양적인 눈썹) ※

10. 시대메이크업 (한국무용) ※ 아이섀도우 ※

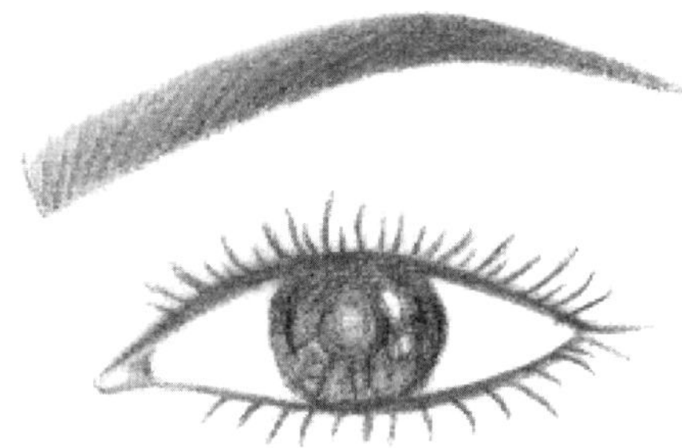

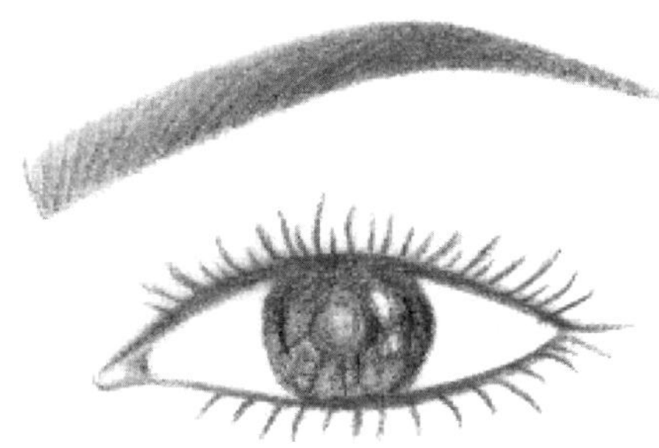

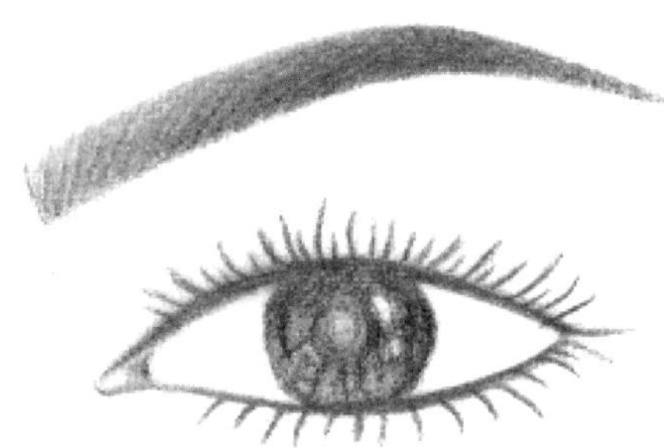

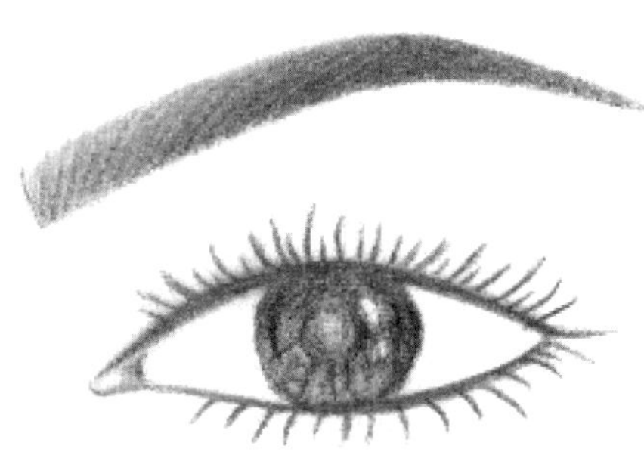

10. 캐릭터 메이크업 (한국무용) ※ 입 술 ※

11. 캐릭터 메이크업 (발레)

눈 썹	다크 브라운색으로 시작 블랙으로 자연스럽게 연결하여 갈매기 형태
아이섀도우	아이홀은 핑크와 퍼플컬러로 그라데이션, 홀의 안쪽은 흰색
치 크	핑크색으로 광대뼈 감싸듯 화사하게
립	로즈컬러 립라이너로 안쪽으로 그라데이션 핑크색으로 블렌딩

11. 캐릭터 메이크업 (발레) ※ 특징 (다크 브라운색으로 시작 블랙으로 자연스럽게 연결하여 갈매기 형태)※

11. 캐릭터 메이크업 (발레) ※ 아이섀도우 ※

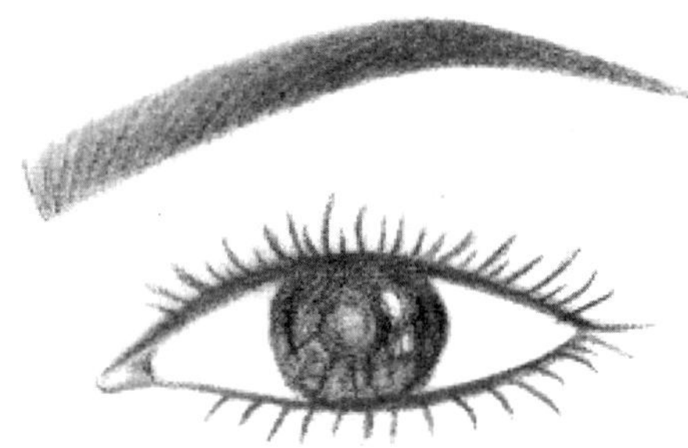

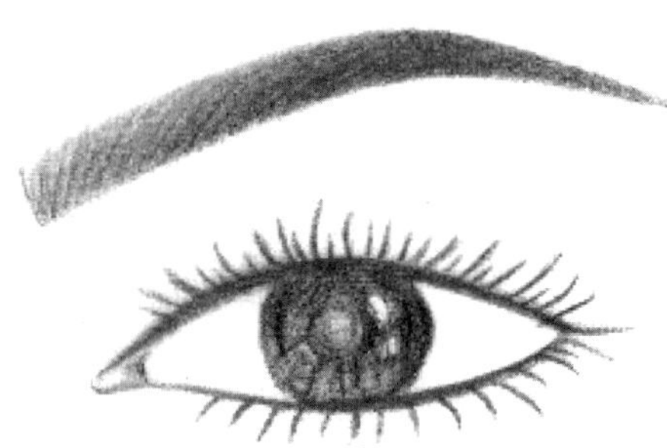

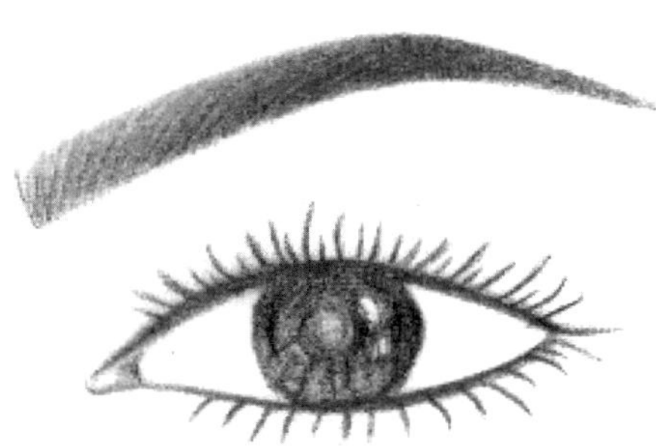

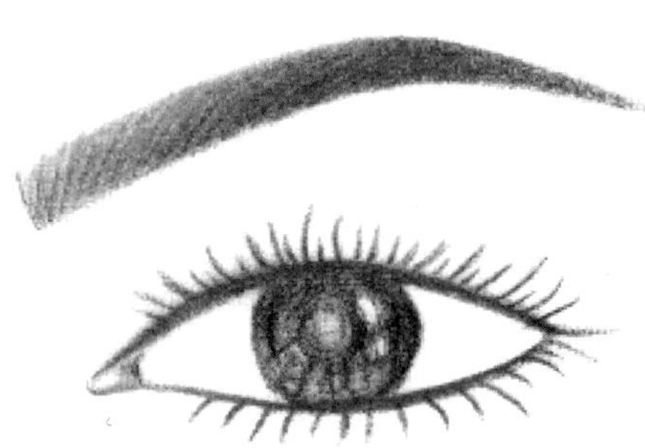

11. 캐릭터 메이크업 (발레) ※ 입 술 ※

12. 캐릭터 메이크업 (추면)

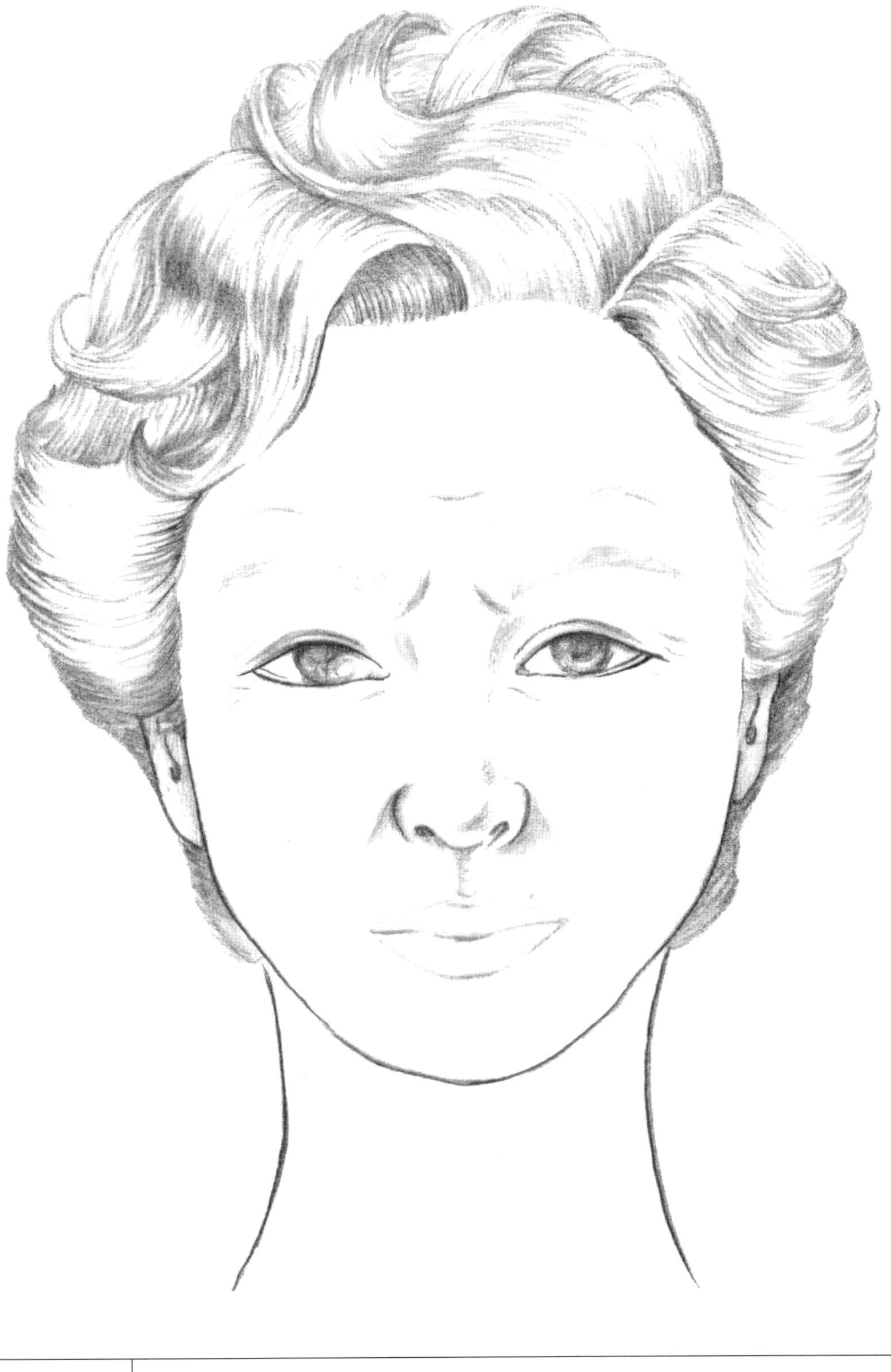

눈 썹	강하지 않은 회갈색
아이섀도우	
치 크	
립	내츄럴 베이지로 아랫입술이 윗입술보다 두껍지 않게

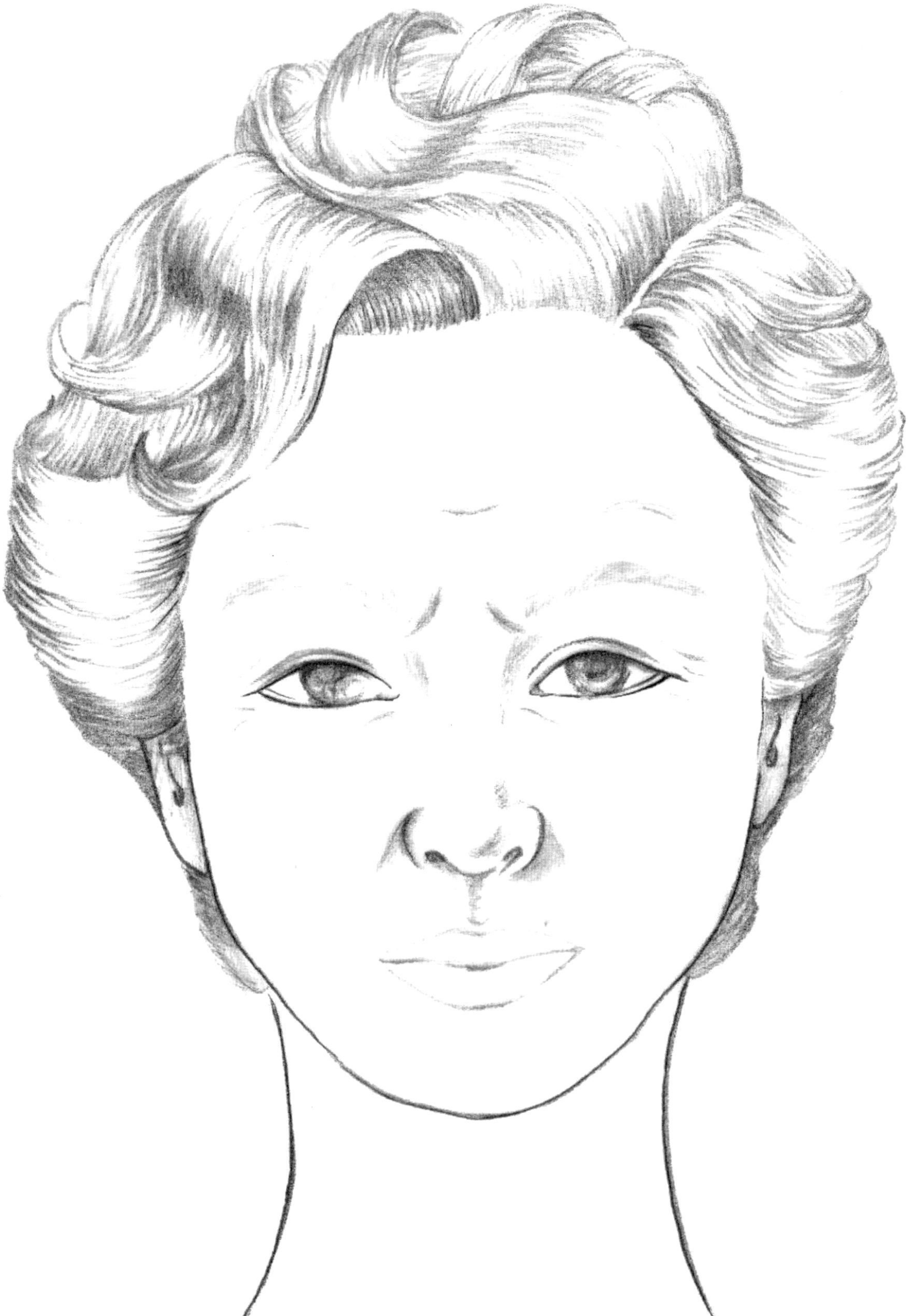

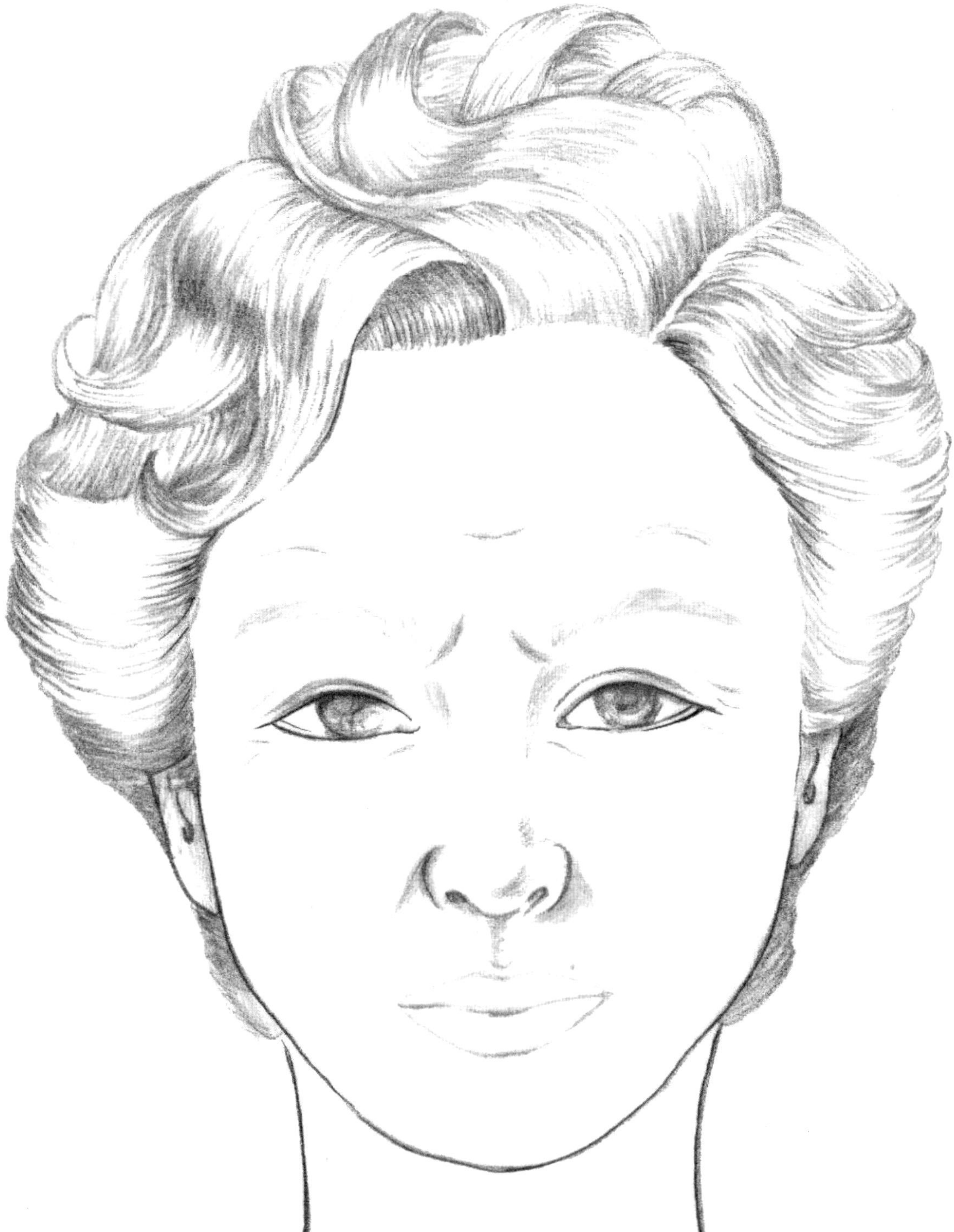

12. 캐릭터 메이크업 (추면) ※ 특징 (강하지 않은 회갈색) ※

12. 캐릭터 메이크업 (추면) ※ 아이섀도우 ※

12. 캐릭터 메이크업 (추면) ※ 입 술 ※

메이크업 패턴 북

Makeup Pattern Book

인　쇄 2025년 3월 5일
발　행 2025년 3월 10일
글 쓴 이 박혜경 · 이순녀
펴 낸 이 정 병 국
펴 낸 곳 웅보출판사
주　소 서울특별시 강서구 양천로 551-17 한화비즈메트로 1차 413호
전　화 (02) 326-1497
팩　스 (02) 326-1843
등 록 일 1991년 5월 30일
홈페이지 www.woongbo.co.kr
I S B N 978-89-8462-509-9 93590

정가 28,000원

저자와의 협약에 의하여 인지를 생략함

▸ 본 책을 복제·변형하여 판매·배포·전송하는 모든 행위를 금하며, 이를 위반할 경우 저작권법 등에 따라 처벌받을 수 있습니다.
▸ 잘못된 책은 교환해 드립니다.